Marketing für Fotograf*innen

Roberto Valenzuela

Marketing für Fotograf*innen

Kund*innen finden und binden mit System

dpunkt.verlag

Roberto Valenzuela
www.robertovalenzuela.com

Lektorat: Boris Karnikowski
Übersetzung: Isolde Kommer, Großerlach, Christoph Kommer, Dresden, *www.mersinkommer.de*
Korrektorat: Friederike Daenecke, Zülpich
Satz: Tilly Mersin und Isolde Kommer, Großerlach, *www.mersinkommer.de*
Herstellung: Stefanie Weidner
Umschlaggestaltung: Helmut Kraus, *www.exclam.de*, unter Verwendung eines Fotos des Autors
Druck und Bindung: Grafisches Centrum Cuno GmbH & Co. KG, 39240 Calbe (Saale)

Bibliografische Information der Deutschen Nationalbibliothek
Die Deutsche Nationalbibliothek verzeichnet diese Publikation in der Deutschen Nationalbibliografie; detaillierte bibliografische Daten sind im Internet über *http://dnb.d-nb.de* abrufbar.

ISBN:
Print 978-3-86490-812-5
PDF 978-3-96910-249-7
ePub 978-3-96910-250-3
mobi 978-3-96910-251-0

1. Auflage 2021

Wieblinger Weg 17
69123 Heidelberg

Hinweis:
Dieses Buch wurde auf FSC®-zertifiziertem Papier aus verantwortungsvollen Quellen gedruckt. Der Umwelt zuliebe verzichten wir zusätzlich auf die Einschweißfolie.

Schreiben Sie uns:
Falls Sie Anregungen, Wünsche und Kommentare haben, lassen Sie es uns wissen:
hallo@dpunkt.de

5 4 3 2 1 0

Für meine Frau Kim

Kim, du bist ein großer Segen für mich. Zu all den wunderbaren Erfahrungen in unserem gemeinsamen Leben gehört nun auch, dass wir Eltern von zwei Jungen sind! Während der COVID-19-bedingten Ausgangsbeschränkungen verbrachten wir mehr Zeit zusammen als je zuvor. Unsere Familie ist enger zusammengewachsen, und ich habe jede gemeinsame Minute zu Hause genossen. Ich habe dich von 8:00 Uhr morgens bis fast um Mitternacht arbeiten sehen, und ich könnte nicht stolzer auf dich sein. Du bist in jeder Facette deines Lebens ein unglaublicher Mensch. Ich liebe dich so sehr!

Für meinen Sohn Lucas

Du bist mein ein und alles! Noch nie zuvor habe ich eine so tiefe Liebe verspürt. Du bist jetzt zweieinhalb Jahre alt und dein Verstand hat sich so weit entwickelt, dass wir uns sowohl auf Englisch als auch auf Spanisch unterhalten können. Es macht unglaublich viel Freude, mitzuerleben, wie sich deine Persönlichkeit entfaltet! Ich liebe deine Leidenschaft für klassische Musik, das Sonnensystem und Feuerwehrhydranten. Immer wenn wir einen Spaziergang machen, wird mir warm ums Herz, wenn ich sehe, wie du jedem Hydranten Hallo sagst und zuwinkst - das ist das Niedlichste, was ich je gesehen habe. Ich liebe dich, kleiner Lucas! Durch dich bin ich zum Papa geworden, und jetzt kann ich es kaum erwarten, zu sehen, wie du zum großen Bruder deines kleinen Bruders wirst!

Für meinen neuen Sohn, der noch im Mutterleib ist

Deine Mama und ich freuen uns riesig darauf, dich kennenzulernen! Wir genießen es, dich bei unseren monatlichen Ultraschallterminen wachsen und deine Bewegungen in der Gebärmutter zu sehen. Wir versuchen sogar, anhand der Bewegungen deinen Charakter zu erraten. Wenn wir deinen großen Bruder Lucas fragen: »Wo ist dein kleiner Bruder?«, dann geht er zu deiner Mama und streichelt ihren Bauch. Lucas liebt dich, und wir lieben dich auch! Wir haben noch keinen Namen für dich, aber wir arbeiten daran. Es ist nicht so einfach, einen guten Jungennamen zu finden, und wir wollen, dass dir dein Name gefällt. Ich vermute, dass du vielleicht kamerascheu bist - denn jedes Mal, wenn die Ultraschalldiagnostikerin versucht, ein gutes Foto von dir

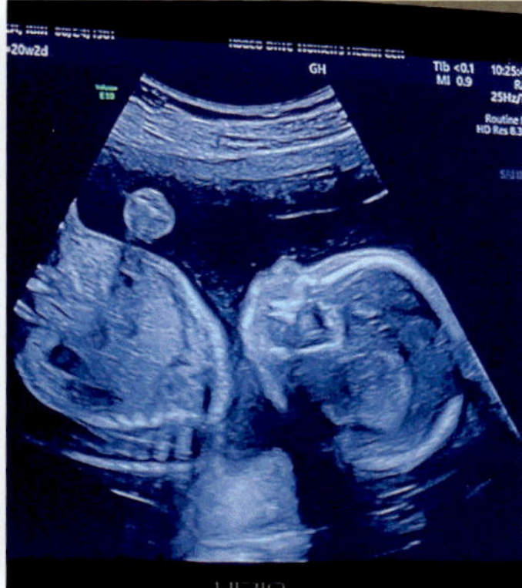

zu machen, drehst du dich weg, versteckst dich oder unternimmst etwas anderes, um zu verhindern, dass sie einen guten Aufnahmewinkel bekommt. Wir haben viel Spaß dabei, dieses Spiel zu beobachten, und können es kaum erwarten, dich in wenigen Monaten kennenzulernen!

Für Mutti

Mutti, danke, dass du mir mit gutem Beispiel vorangegangen bist. Dank dir bin ich so gefestigt und meine Wertmaßstäbe sind unumstößlich. Du hast mich gelehrt, einfühlsam, liebevoll und ein guter Ehemann und Vater zu sein, und hast mir alles mitgegeben, was ich für meinen Erfolg brauchte. Für mich bist du eine Wundermama. Ich kenne niemanden, der je so viel geleistet und geopfert hat – du hast Essen auf den Tisch gebracht und uns ein Dach über dem Kopf gegeben, als wir überhaupt nichts hatten. Du bist unglaublich stark! Mit allem, was ich tue, möchte ich dich stolz machen, weil du so viel dafür getan hast, dass ich jetzt hier sein kann. Ich liebe dich, Mutti!

Danksagung

Ein Buch zu schreiben, ist eine gewaltige Gemeinschaftsleistung. Für mich gibt es kein besseres Team als die wunderbaren Leute bei Rocky Nook. Scott Cowlin und Ted Waitt, ihr seid beide ein sehr wichtiger Teil meines Lebens. Wir arbeiten jetzt fast ein Jahrzehnt lang zusammen und haben mehrere wundervolle Bücher geschaffen. Wahnsinn! Ich liebe unsere gemeinsame Tradition, bei unseren Treffen essen zu gehen, und all die Erfahrungen, die wir gemeinsam gemacht haben. Es macht so viel Spaß, mit euch beiden zu arbeiten. Ich danke euch von ganzem Herzen für all das in mich gesetzte Vertrauen und die harte Arbeit, die ihr in jedes Buch steckt.

Meiner Familie ein herzliches Dankeschön für ihre Liebe und Unterstützung – meiner Mutter, meinem großen Bruder Antonio, meiner Schwester Blanca, meiner kleinen Schwester Susana und meinem großartigen Schwager Daniel Yu. Ich möchte auch meinem Schwager Kent dafür danken, dass er stets ein hervorragender Zuhörer und Berater in persönlichen und geschäftlichen Angelegenheiten ist. Meinem großartigen Neffen Ethan: Ich kann nicht glauben, dass du jetzt an der NAU studierst! Ich bin so stolz auf dich, Ethan. Meinem kleinen Neffen Caleb: Es hat mir einen riesigen Spaß gemacht, dir beim Heranwachsen und bei der Entfaltung deiner erstaunlichen sportlichen Fähigkeiten zuzusehen. Du hast so ein großes Herz, das liebe ich an dir! Und meiner erstaunlichen Nichte Ellie: Wow, du bist jetzt an der Baylor University!? Wo ist nur die Zeit geblieben? Ellie, du hast mich schon immer beeindruckt; deine Entschlossenheit und Disziplin inspirieren mich! Ich bin schon gespannt, wie dir die Filmregiekurse diesen Sommer an der USC gefallen. Ich hoffe, du hast an der Baylor University die beste Zeit deines Lebens!

Meiner Schwiegermutter Christina: Wow, schon sechs Bücher, Christina! Ich bin dir sehr dankbar für die unglaubliche Arbeit und Hingabe, die du in jedes Wort dieser Bücher gesteckt hast, damit sie sich so gut lesen. Du bist wahrhaftig die heimliche Heldin dieser Bücher. Ich möchte auch meinem Schwiegervater Peter dafür danken, dass er immer für mich da ist. Peter hat mir übrigens meine allererste Photoshop-Version geschenkt, und das hat meine Leidenschaft für die Fotografie geweckt. Ich schätze mich glücklich, dass ihr meine Schwiegereltern seid! Für Amy, Sarah und ihren Mann Neal: Ihr gehörtet zu meinen allerersten Models. Ihr habt mir geduldig zahlreiche Übungs-Fotoshootings gestattet, sodass ich meine neu erworbenen fotografischen Kenntnisse verbessern konnte. Danke, meine süße kleine Nichte Alexandra, ich liebe dich so sehr! Du bist so lustig und lebensfroh. Für meinen neuen Schwager Ryan (alias Onkel Coche): Du bist ein unglaublicher Schwager und Freund! Ich kann dir gar nicht sagen, wie glücklich ich bin, so einen tollen Kerl in der Familie zu haben! Es war mir eine Ehre, bei eurer Hochzeit den klassischen Gitarrensong »Canon in D« zu spielen. Und vor allem: Herzlichen Glückwunsch an dich und Amy zu eurer kleinen Tochter Riley! Für Wendy Wong: Du bist ein sehr wichtiger Teil meines Lebens. Du liest nicht nur jedes meiner Bücher von der ersten bis zur letzten Seite, sondern unterstützt mich auch bei all meinen verrückten Abenteuern, von der Fotografie bis zum Kochen. Ich liebe deine Besuche in L.A. bei denen wir immer neue kulinarische Kostbarkeiten erleben und über die King-of-the-Hill-Folgen mit Ike sprechen.

Arlene Evans, ich schulde dir sehr viel. Ich weiß, ich sage das immer wieder, aber du hast an mich geglaubt, bevor irgendjemand anders es tat.

Tyler Austin und Andre Plummer (alias Gentle Summer): Jedes Mal, wenn ich an euch denke, muss ich lächeln! Die unbeschreiblichen Erfahrungen auf unseren gemeinsamen Reisen um die Welt gehören zu den besten und unvergesslichen Momenten in meinem Leben. Ohne Freunde wie euch wären diese Reisen trist und einsam. Die Kampagne für die Canon EOS R5 und R6, die wir im kalifornischen Pioneertown fotografiert haben, wird mir für immer als eines unserer verrücktesten gemeinsamen Fotoabenteuer in Erinnerung bleiben. Ganz zu schweigen von unseren Reisen in die Schweiz, nach München, nach Hallstatt und Salzburg! Auf viele weitere Erlebnisse und Old-Fashioned-Runden auf der ganzen Welt – ich liebe euch, Jungs!

Dan Willens: Dan, wir kennen uns nun schon sehr lange. Ich freue mich jedes Mal, wenn wir uns bei deinen Besuchen treffen können. Ich sage es nicht zum ersten Mal – du bist ein wirklich toller Mann, Vater und Freund! Du gehst mit gutem Beispiel voran und behandelst jeden wie ein Familienmitglied. Du hast mein Leben wirklich positiv beeinflusst. Vielen Dank dafür!

Allen meinen wunderbaren Freunden auf der ganzen Welt: Ihr motiviert und ermutigt mich immer wieder. Ich möchte mich besonders bei den folgenden Personen bedanken, die ich in alphabetischer Reihenfolge aufführe: Rocco Ancora, Jimmy Arroyo, Tyler Austin, Ado Bader, Carol Boss, Michele Celentano, Joe Cogliandro, Skip Cohen, Gregory Daniel, Blair DeLaubenfels, Dixie Dixon, Dina Douglas, Andreina Duven, Marian Duven, Luke Edmonson, David Edmonson, Andrew Funderburg, Jerry Ghionis, Melissa Ghionis, Rob Greer, Cami Grudzinski, Eric Joseph, Scott Kelby, Colin King, Gary Kordan, Brad Levin, Tom Munoz, Paul Neal, Maureen Neises, Krisi Odom, Andre Plummer, Luis Quiroz, Jessica Raab, Joseph Radhik, Hiram Trillo, Justine Ungaro, George Varanakis, Vicky-Papas Vergara und Tanya Wilson.

Meinen lieben Freunden in Singapur – Pearlina Chan, Kayla Chong und Martin Ong: Unsere legendäre Südostasien-Tour liegt schon ein paar Jahre zurück, aber es vergeht kein Tag, an dem ich euch nicht vermisse! Wir haben nur einen Monat miteinander verbracht, aber das war eine sehr prägende Zeit, die ich nie vergessen werde. Ihr drei seid meine Freunde fürs Leben, und ich hoffe, dass wir niemals den Kontakt verlieren. Ich liebe euch alle drei sehr!

Meinen guten Freunden bei Canon USA – Kevin McCarthy, Rita Dubey, Len Musmeci, Linda Milano und Mike Larson: Jahr für Jahr seid ihr ein wichtiger Teil meines Lebens. Ich kann euch nicht genug für das in mich gesetzte Vertrauen und die vielen tollen gemeinsamen Projekte danken. Ein Canon Explorer of Light zu sein, ist eine der größten Auszeichnungen in meinem Leben, eine Ehre, die ich sehr ernst nehme. Auch wenn es in letzter Zeit viele Änderungen am Programm gegeben hat, freue ich mich darauf, es gemeinsam mit euch jedes Jahr immer besser zu machen!

Dan Neri: Du bist eine Legende in meinem Herzen. Du kümmerst dich, du rufst an, du mailst, du hältst Kontakt, du meldest dich zu Weihnachten und meinem Geburtstag, du bist immer da! Du bist einer der besten Freunde, die man sich wünschen kann.

Über den Autor

Roberto Valenzuela arbeitet als Fotograf, Autor und Dozent im kalifornischen Beverly Hills. Als Mitglied des renommierten »Canon Explorers of Light«-Programms zählt Roberto zu den einflussreichsten Fotografen weltweit.

Seinen besonderen didaktischen Stil entwickelte Roberto bereits vor seiner Fotografenkarriere als Konzertgitarrist und Lehrer. Für ihn ist nicht die Begabung der Schlüssel zu Können und Erfolg, sondern Übung und bewusste Praxis. Auf seinen Reisen rund um die Welt motiviert er Fotografen, die verschiedenen Elemente der Fotografie zu erproben und zu analysieren, so wie Musiker vor einem Bühnenauftritt mit ihren Instrumenten üben.

Roberto gehört zu den bekanntesten Fotografieautoren weltweit. Seine Buchtrilogie »Perfekte Fotos mit System«, »Perfektes Posing mit System« und »Perfektes Licht mit System« wurde zum Standard in der Fotografiebranche und -ausbildung. Die Bücher wurden in zahlreiche Sprachen übersetzt, unter anderem ins Deutsche, Chinesische, Indonesische, Spanische, Portugiesische und Koreanische.

Seine beiden Bücher »Perfekte Hochzeitsreportagen mit System« und »Perfekte Hochzeitsreportagen - on location!« sind die in den USA meistverkauften Bücher zum Thema Hochzeitsfotografie. In seinem aktuellen Buch »Marketing für Fotograf*innen« vermittelt er sein Wissen über Marketing und Kundenbindung, um anderen Fotografen zu mehr Bekanntheit und Aufträgen zu verhelfen und ihre Umsätze zu maximieren.

Roberto ist Vorsitzender und Juror bei einigen der größten Fotowettbewerbe in den Vereinigten Staaten, Europa, Mexiko und Südamerika. Er ist ein passionierter Lehrer und war Hauptredner bei zahlreichen Fotografietreffen und -veranstaltungen auf der ganzen Welt. Er hält auch private Workshops zu den Themen Posing, Licht und Hochzeitsfotografie ab. Roberto wurde von seinen Fotokollegen unter die zehn einflussreichsten Fotografen und Lehrer weltweit gewählt.

Er hat im Auftrag von Canon USA größere Kampagnen für die 5D Mark IV fotografiert. Vor Kurzem wurde Roberto von Canon damit beauftragt, die weltweite Kampagne für die spiegellosen Topmodelle EOS R5 und EOS R6 des Herstellers zu fotografieren.

Neben der Fotografie widmet sich Roberto intensiv der Kochkunst. »The Food Network Channel« läuft bei ihm zu Hause ununterbrochen, und er ist berüchtigt dafür, beim Nachkochen der Rezepte ein Riesenchaos zu verursachen. Bisher kocht er nur für seine Frau Kim und seinen Sohn Lucas.

Inhalt

KAPITEL 4

Live-Streaming auf YouTube und Facebook 77

KAPITEL 5

Das wirkungsvolle Werbevideo 93

KAPITEL 6

Ihre Arbeit in Magazinen und auf Blogs zeigen 103

KAPITEL 9

Das erste Kundengespräch zum Erfolg machen 145

TEIL DREI

So verdienen Sie Geld 169

KAPITEL 10

Preisbildung mit System – oder der empfundene Wert 171

KAPITEL 11

Kundenorientierte Preisstrategie 193

KAPITEL 12

Verkaufsmethode: Angebotspakete verankern 211

Vorwort von Luke Edmonson

Ich bin in einer Fotografenfamilie aufgewachsen, wollte aber eigentlich gar nicht in die Fußstapfen meines Vaters und Großvaters treten. Ich begann ein Medizin-Grundstudium und erkannte bald, dass das nichts für mich war. Also wagte ich den Sprung ins kalte Wasser, schaffte einen Abschluss als Filmemacher, befasste mich dann immer intensiver mit der Fotografie und verbesserte mich schließlich so weit, dass ich es im MPI-Programm bis zum Grand Master Photographer brachte. Der Rest ist, wie man so sagt, Geschichte. Individuelle Lebenswege sind großartig, aber es ist auch nicht jedem vergönnt, in der dritten Generation in ein Familienunternehmen einzusteigen - insbesondere nicht in ein etabliertes Fotostudio.

In unserer Branche wird es zusehends schwieriger, ein profitables Geschäft oder Studio als Haupt- oder Nebenerwerb zu betreiben. Das Problem ist nicht der technische Fortschritt, auch wenn dieser natürlich eine Rolle spielt. Mittlerweile hat jeder eine Handykamera, und noch nie war es so einfach, sich »Fotograf*in« zu nennen. Die entscheidende Frage lautet: Wie heben wir Profis uns davon ab? Wie gewinnen wir neue Interessenten und machen sie zu Kunden? Wie sieht die Preisstruktur für unsere Produkte und Dienstleistungen aus? Und ist das nicht nur für uns profitabel, sondern haben auch die Kunden dabei ein gutes Gefühl?

Zwei der wichtigsten Lektionen, die mein Vater mich gelehrt hat, um ein dienstleistungsorientiertes Fotografieunternehmen zu führen, lauten: »Lass der Kuh immer etwas Milch - denn wenn die Leute wissen, dass du Rücksicht auf sie nimmst, schaffst du Loyalität.« Und: »Kunden zu halten ist langfristig profitabler, als sie auszunehmen und immer neue zu suchen.« Sein Mentor True Redd hatte ihn gelehrt, dass das Folgegeschäft ein Studio langfristig am Leben hält. Die Kosten für den Erstauftrag sind oft so hoch, dass man damit alleine kaum Gewinn machen kann.

Wir sind uns wohl einig, dass Beziehungen in fast jedem Geschäft sehr wichtig sind. Intuitiv ist uns das zwar klar, aber wir sollten es uns trotzdem immer wieder bewusst in Erinnerung rufen. Dann verlieren wir niemals die Zufriedenheit unserer Kunden aus den Augen, die bei uns ihr hart verdientes Geld ausgeben.

Roberto schöpft mühelos aus seinem Erfahrungsschatz und leitet daraus konkrete und umsetzbare Schritte ab. (Ist das jetzt wirklich schon sein sechstes Buch für Fotograf*innen?) Er möchte Hochzeits-, Porträt- und allen anderen Fotograf*innen helfen, sich von der Masse abzuheben, Aufträge zu bekommen und Geld zu verdienen. Neben seinen bemerkenswerten Fähigkeiten und seiner fotografischen Handwerkskunst zeichnen ihn eine einnehmende Persönlichkeit, ein ausgeprägter Geschäftssinn und ein bemerkenswertes Gespür für das Verhalten der Kunden aus.

Ich möchte Ihnen gerne eine persönliche Anekdote über Roberto erzählen.

Als mein Vater, David Edmonson, 2012 einen Schlaganfall erlitt, waren wir an zwei aufeinanderfolgenden Wochenenden für Hochzeiten gebucht. Roberto erkannte unsere Notlage und erklärte sich bereit, an beiden Wochenenden einzufliegen - das erste davon haben wir gemeinsam geschaukelt. Es ist unbezahlbar, wenn einem ein Freund in einer solchen Situation beisteht. Das spricht zweifellos für die charakterlichen Qualitäten und das Herz dieses Menschen.

Am zweiten Wochenende mussten wir uns aufteilen, um verschiedene Hochzeiten zu fotografieren. Es ist immer schwierig, einem Kunden mitteilen zu müssen, dass der ursprünglich gebuchte Fotograf ihre Hochzeit nicht fotografieren kann. Wir haben natürlich getan, was wir konnten, um ihnen das so weit wie möglich zu versüßen. Zum Beispiel haben wir das Probeessen als Gratisleistung fotografiert und sowohl Roberto als auch Joe Cogliandro, einen anderen angesehenen Hochzeitsfotografen, für die Veranstaltung engagiert. Aber ideal war das natürlich trotzdem nicht.

In dieser ungewöhnlichen Situation baute Roberto vorsichtig, langsam, sicher und selbstbewusst ein Vertrauensverhältnis zu Braut und Bräutigam auf. Er zeigte ihnen ein oder zwei Aufnahmen auf dem Display seiner Kamera, um Vertrauen aufzubauen, überschüttete sie mit Empathie und brachte sie mit seinem Humor zum Lachen. Am Ende des Abends fielen sich alle in die Arme, denn es war Roberto durch seine Hilfsbereitschaft und Liebenswürdigkeit gelungen, die Kunden für uns zu gewinnen.

Dennoch kam noch der gefürchtete Anruf von der Hochzeitsplanerin, weil sie Roberto und Joe nicht kannte und sie nicht zu ihrem bewährten Team von Hochzeitsdienstleistern gehörten. Ich werde nie vergessen, wie ich auf der Tanzfläche stand, während mein Paar sich für seinen Auftritt bereit machte, und ich mir dachte: »Was kann ich nur tun, damit sie ihnen vertraut?«

Ich weiß, dass Ängste zu manch düsterem Gedanken führen können, aber keiner von uns hatte erwartet, was geschah, als sie sich zum Abendessen setzten. Schnippisch fragte sie: »Haben Sie überhaupt schon mal eine Hochzeit fotografiert?« Sie können sich die Blicke vorstellen, die Roberto und Joe austauschten, weil sie nicht erkannte, dass zwei Superhelden im Anzug vor ihr saßen. Hier waren sie, eingeflogen, um den Tag zu retten, aber die besonderen Umstände trübten die Wahrnehmung der Hochzeitsplanerin.

Bevor irgendjemand Federn lassen musste, beeilte sich Roberto, ihre Frage zu beantworten: »Ja, ich habe schon mal eine Hochzeit fotografiert.« Jemand am Tisch wies darauf hin, dass Roberto ein Bestseller-Buch über Hochzeitsfotografie geschrieben hatte, das sie leicht bei Amazon finden konnte. Als sie auf ihrem Handy sein Buch sah, schlug ihre Sorge schnell in Bewunderung um!

Ich glaube, dass die Fähigkeit, einen nervösen Kunden in einen Fan zu verwandeln, eines der Markenzeichen erfolgreicher Berufsfotografen ist. In dieser Situation war entscheidend, dass Roberto uns nicht nur gut repräsentierte, sondern auch selbstbewusst und bescheiden auftrat.

Unsere Arbeit auch dann ordentlich zu machen, wenn wir uns nicht anerkannt oder wertgeschätzt fühlen, ist eine große Chance für uns Fotografen. Schließlich ist die Fotografie doch die universelle Sprache unserer Zeit und nimmt stetig weiter an Beliebtheit zu. Jeden Tag haben wir aufs Neue die Gelegenheit, anderen mit Zuneigung zu begegnen und ihr Leben zu beeinflussen - mit der Ausrede, dass wir hinter der Kamera stehen! Unsere Kundschaft gehört tatsächlich der wohlhabendsten Generation der Geschichte an. Dies könnten die besten aller Zeiten für uns sein. Wo liegt dann also das Problem?

Ich weiß aus erster Hand, wie schwierig es ist, ein rentables Fotostudio zu betreiben, und dass es mehr braucht als hübsche Bilder und Marketing-Tricks, um die Kunden zum Kauf zu bewegen. Das ist keine neue Erkenntnis - man sieht es in Online-Foren, bei regionalen Fotografentreffen und auf größeren Kongressen.

Die großen Fragen lauten: Wie heben Sie sich im überfüllten Markt ab und bringen Kunden dazu, Sie zu buchen? Wie können Sie genug Geld verdienen, um sich und Ihre Lieben zu versorgen oder um vielleicht Ihren jetzigen Job aufzugeben und in Vollzeit Ihrer Leidenschaft nachzugehen?

Roberto bringt es in diesem Buch auf den Punkt. Er zeigt Ihnen, was die Kunden zum Kauf motiviert und wie Sie eine flexible und verkaufsfördernde Preisstruktur schaffen, die zudem die Kundenbedürfnisse erfüllt. Zudem helfen Ihnen seine Methoden, nicht wie ein Gebrauchtwagenhändler zu klingen (oder sich so zu fühlen).

Für die Kunden ist es ein wichtiges Anliegen, ihre Lebensereignisse und ihre Lieben visuell festzuhalten und zu bewahren. Roberto hat dies verstanden und gibt dieses Wissen anschaulich weiter. Fotografie fasziniert, informiert, inspiriert, bildet und rührt an. Von allen Büchern, die Roberto geschrieben hat, enthält dieses wohl die besten Ratschläge, wie Sie als Fotograf Ihr Geschäft erfolgreich ankurbeln können.

Statt sich erst überlegen zu müssen, was Sie tun sollen, lernen Sie hier direkt, warum bestimmte Strategien so gut funktionieren. Und sind Sie nach der (mehrfachen) Lektüre dieses Buches bereit, zu handeln und das Gelernte in Ihre Geschäftspraxis umzusetzen? Da bin ich mir sicher.

Abschließend möchte ich an die alte Geschäftsregel erinnern: »Sei freundlich und dankbar gegenüber deinen Kunden - und sei es nur aus egoistischem Geschäftssinn.«

— Luke Edmonson

Einleitung

In jeder Stadt konkurrieren Hochzeits- und Porträtfotografen mit unzähligen Amateurenn, denn es gibt kaum Hürden oder Voraussetzungen für den Einstieg in die Fotografie. Außerdem kann dank der ständigen Weiterentwicklung von Smartphone- und Digitalkameras fast jedermann »brauchbare« Hochzeitsfotos und Porträts machen. Und viele Fotografen verfügen über mehr Charisma als Können und gewinnen auf diese Weise Kunden und Aufträge.

Wie können Sie da konkurrieren? Sie sollten sich eher fragen: Wie können Sie das Heft in die Hand nehmen und ein florierendes Geschäft aufbauen? Ich weiß, dass Fotografie unheimlich viel Spaß machen kann. Die meisten Fotografen lieben es, Bilder zu machen, sie zu bearbeiten und auszudrucken und dabei ihre Kreativität auszuleben. Sie informieren sich über die aktuellste Ausrüstung - höchstwahrscheinlich auf YouTube -, denn sie glauben, dass die neuesten Gadgets ihnen einen Vorteil gegenüber der Konkurrenz verschaffen werden. Aber das ist nicht der Fall. Komischerweise werden wir immer wieder in die nicht enden wollende Konsumspirale hineingezogen. Das Ergebnis sind oft leere Bankkonten und bittere Enttäuschung. Es ist ein Teufelskreis, dem viele Fotografen nicht mehr entkommen.

Die gute Nachricht ist, dass Fotografie auch äußerst lukrativ sein kann - aber nur, wenn Sie sie als Geschäft betrachten, nicht als Hobby. Dieses Buch handelt davon, wie man als Hochzeits- oder Porträtfotograf gutes Geld verdient und kluge unternehmerische Entscheidungen trifft.

Viele Fotografen scheuen die geschäftlichen Aspekte des Fotografendaseins. Sie finden Betriebswirtschaft langweilig und neigen dazu, geschäftliche Aspekte zu ignorieren und das Beste zu hoffen. Bedenken Sie aber: Einfach nur für einen Fotoauftrag bezahlt zu werden, ist kein Geschäft; das nennt man ein »bezahltes Hobby«. Tatsächlich ist es gar nicht so schwierig, ein Unternehmen gut zu führen - und es kann sogar richtig Spaß machen. Sie werden merken, dass Sie die einzelnen Aspekte Ihres Geschäfts dann viel besser im Griff haben. Erfolgreiche Hochzeits- oder Porträtfotografen müssen auch gewiefte Geschäftsleute sein. Wenn Sie die anderen Fotografen überflügeln wollen, reicht es nicht, verzweifelt auf die nächste E-Mail-Anfrage zu warten. Stattdessen benötigen Sie einen soliden Business-Plan beziehungsweise eine clevere Strategie. In diesem Buch erfahren Sie, mit welchen Schritten Sie Ihre Chancen so steigern, dass ein Kunde aus den unzähligen Angeboten Ihres herauspickt.

Zu guter Letzt sollen Sie wissen, dass ich dieses Buch für Sie geschrieben habe. Ich möchte, dass Sie finanziell erfolgreich sind - ganz gleich, wo Sie leben und welche Art von Hochzeiten oder Porträts Sie gerne fotografieren. Die meisten Kapitel in diesem Buch sind relativ kompakt, sodass Sie sie bequem durcharbeiten können. Lassen Sie uns gleich anfangen!

TEIL EINS

SO HEBEN SIE SICH VON DER KONKURRENZ AB

KAPITEL 1

DAS BUSINESS-POTENZIAL VON INSTAGRAM NUTZEN

Der Stellenwert einer strategischen Instagram-Präsenz übertrifft inzwischen die Außenwirkung und die Reichweite einzelner Websites bei Weitem. Egal ob Instagram auch in Zukunft weiterbestehen wird oder nicht, es wird doch immer soziale Medien in irgendeiner Form geben. Und die erste Anlaufstelle für potenzielle Kunden wird oder werden in der Regel Ihre Social-Media-Seite(n) sein. Erst nachdem sie eine enge Vorauswahl getroffen haben, nehmen sie den Zusatzaufwand auf sich, Ihre offizielle Website aufzurufen.

Instagram ist enorm umfangreich, unerschöpflich und stets im Wandel begriffen. Mein Ziel ist daher, Ihnen die Grundlagen einer intelligenten Instagram-Geschäftsstrategie zu vermitteln. Eine eingehende Auseinandersetzung mit Instagram würde den Rahmen dieses Buchs sprengen. Aber wenn Sie die Grundlagen richtig anwenden, sind Sie der Masse bereits weit voraus. Denn die meisten Instagram-Nutzer verfolgen überhaupt keine Strategie – ihnen reicht es einfach, ihre Lieblingsfotos zu posten und ein paar Likes von ihrer Familie und ihren Freunden zu erhalten. Die hier von mir vorgestellten Strategien sind effektiv, schlagkräftig und leicht umzusetzen. Social Media ist Trumpf, und das wird noch lange so bleiben. Ohne geeignete Social-Media-Strategie ist es heutzutage nicht mehr möglich, ein hochprofitables Fotografie-Unternehmen aufzubauen.

Die strategische und in sich stimmige Farbpalette in Ihrem Instagram-Feed

Farben können ebenso Reaktionen in unserem Gehirn auslösen wie Nahrung oder Berührung. Daher sind Farben ein wirkungsvolles Mittel, um ganz strategisch bei den Betrachtern Ihres Feeds Emotionen zu wecken. Ich sage »strategisch«, weil Sie es selbst in der Hand haben sollten, wie sich die Menschen beim ersten Anblick Ihres Feeds fühlen. Dazu haben Sie maximal fünf Sekunden Zeit. Wenn Sie es richtig machen, erreichen Sie das gewünschte Ziel: Die Betrachter erfreuen sich an Ihren Bildern und bleiben länger in Ihrem Feed. Ist dieser jedoch inkonsistent gestaltet, passiert das Gegenteil: Die Besucher wollen so schnell wie möglich weg, weil Ihr Feed wie ein heilloses Durcheinander aussieht. Eine Hauptpriorität sollte daher auf einem ansprechenden visuellen Eindruck Ihres Instagram-Auftritts liegen. Dieses Buch zielt auf die Porträt- und Hochzeitsfotobranche ab. Daher sind die von mir dargelegten Strategien darauf ausgerichtet, Ihren Erfolg bei Brautpaaren zu maximieren, die auf der Suche nach dem für sie geeigneten Porträt- oder Hochzeitsfotografen sind. Im Folgenden zeige ich Ihnen, wie Sie selbst auf unterschiedliche Farbthemen reagieren. Sehen Sie sich die Farbkombinationen an und achten Sie dabei nur auf Ihre Reaktion. Denken Sie nicht nach. Betrachten Sie sie mit den Augen eines Paars auf der Suche nach einem Hochzeitsfotografen. Welche der analogen Farbpaletten überzeugt Sie als Hochzeitsfotograf beziehungsweise als Porträtfotograf mehr?

Abbildung 1.1: Nehmen wir an, dies sei der Instagram-Feed eines angehenden Hochzeitsfotografen. Eine Sache hat er richtig gemacht. Der Feed besteht aus einem analogen Farbschema, alle verwendeten Farben stehen also in enger Beziehung zueinander. Das ist ein guter Anfang, aber überlegen Sie mal: Sind das die Farben, die Sie mit der Romantik und Symbolik einer Hochzeit assoziieren würden? Ich weiß nicht, wie es Ihnen geht – aber für mich geht das gar nicht! So ein Feed würde Paare sehr wahrscheinlich eher davon abhalten, sich Ihre Arbeit näher anzusehen. Die Farben sind zwar cool, aber wohl eher für eine 70er-Jahre-Party als für eine Hochzeit geeignet.

Abbildung 1.2: Dies ist ein korrekt gestalteter Feed mit einem klaren, in sich beständigen analogen Farbschema, nur dieses Mal mit viel ruhigeren, leichteren und eleganteren Farben. Es sind helle Pastellfarben. Natürlich ist dies individuell unterschiedlich, aber die meisten Bräute würden sehr wahrscheinlich im Zusammenhang mit ihrer Hochzeit positiv auf solche Farben reagieren. Diesen Instagram-Feed würden sie vielleicht als einen ihrer Top-Favoriten speichern. Die eingesetzten Farben und die Einheitlichkeit des gesamten Feeds sind also entscheidend! Es lohnt sich, die Mühe auf sich zu nehmen und Ihren Feed so zu kuratieren, dass die Farben überall stimmig und zusammenhängend wirken.

Abbildung 1.3: Zu meiner großen Überraschung stoße ich immer wieder auf Instagram-Feeds zum Thema Hochzeit, die ein durchweg dunkles Farbschema verwenden. Die Hochzeitsfotos sind zwar dramatisch und schön, haben aber alle einen dunklen Unterton. Überlegen Sie mal: Assoziieren Sie Hochzeiten wirklich mit den Farben Schwarz, Anthrazit, Grau und Dunkelbraun? Nein, bestimmt nicht. Diese Fotos werden meist in dunklen Innenräumen oder nachts aufgenommen. Das soll nicht heißen, dass ich solche Fotos nicht für das Hochzeitsalbum des Brautpaars machen würde – aber ich würde sie nicht in meinem Instagram-Feed veröffentlichen. Die Farben und die Konsistenz eines Instagram-Feeds sind sogar noch wichtiger als die Präsentation Ihrer besten Fotos. Nehmen Sie sich deshalb Zeit, tolle Fotos herauszusuchen, die zu Ihrem Instagram-Farbschema passen, und posten Sie diese Bilder. Die dunklen Bilder können Sie jederzeit auf Ihrer Website veröffentlichen. So bleibt Ihr Feed attraktiv und aufgeräumt.

ABBILDUNG 1.1

ABBILDUNG 1.2

ABBILDUNG 1.3

ABBILDUNG 1.4

Abbildung 1.4: Welche drei Farben gehören nicht in diesen Feed? Dies ist das häufigste Problem, das mir bei Instagram-Feeds von Fotografen auffällt. Sie machen sich keine Gedanken über die Anordnung und das Erscheinungsbild ihrer Feeds. Die schwarzen, neongrünen und neonpinken Felder lenken massiv von den anderen geposteten Bildern ab. Sie gehören einfach nicht dazu und stören die Harmonie des Feeds. Feeds wie diese wirken auf Bräute irritierend. Sie wissen nicht, welchen Fotostil Sie ihnen im Fall eines Engagements liefern würden. Anstatt sich die Zeit zu nehmen, Ihren Stil zu entschlüsseln, wird die Braut einfach anderswo weitersuchen.

Ein Feed mit einem klaren Thema

Ein geschäftlicher Instagram-Feed sollte immer einen Eindruck davon vermitteln, was Sie verkaufen. Denken Sie daran, dass Instagram die Website der Stunde ist. Sie würden im Portfolio auf Ihrer Website auch kein Foto eines dreistöckigen Burgers oder eines kunstvoll aufgeschäumten Cappuccinos zeigen, richtig? Das passt einfach nicht. Ich habe selbst schon den Fehler gemacht, private Fotos in meinem geschäftlichen Instagram-Feed zu veröffentlichen. Ich musste sie wieder löschen, weil der Feed für potenzielle Kunden sehr unübersichtlich und zusammenhangslos wurde.

Posten Sie, was Sie verkaufen wollen, und setzen Sie auf unterschiedliche Kategorien

Bevor Sie Bilder veröffentlichen, überlegen Sie: »Für welche Art von Porträts möchte ich engagiert werden? Als Hochzeitsfotograf fragen Sie sich: »In welchen Locations möchte ich am liebsten arbeiten?«, »Wie groß sollen die Hochzeiten sein, die ich fotografieren möchte?« und »Was für Menschen leben in meiner Umgebung?« Ich lebe zum Beispiel in Beverly Hills, Kalifornien. Mein Atelier befindet sich in der Nähe des Beverly Hills Hotels, des Beverly Wilshire Hotels, des Bel-Air-Hotels, des Waldorf Astoria Beverly Hills und des Montage Beverly Hills. Diese Locations sollten in meinem Feed sehr präsent sein. Darüber hinaus ist die Bevölkerung von Beverly Hills überwiegend jüdischer oder iranischer Abstammung. Also sollte ich sicherstellen, dass mein Feed eine ansehnliche Anzahl außergewöhnlicher persischer und jüdischer Hochzeiten enthält. Ein solcher Ansatz würde definitiv auch bei den Menschen in Ihrer Umgebung Anklang finden, wenn Sie bestimmte Bevölkerungsgruppen erreichen wollen. Was auch immer Sie in Ihren Feed aufnehmen, es wird am Ende auch die entsprechende Kundschaft erreichen.

Um einen attraktiven Instagram-Feed zu erhalten, müssen Sie Fotos mit ungleichem Inhalt nebeneinander stellen. Vom visuellen Standpunkt aus wirkt es nämlich merkwürdig, mehrere Fotos von derselben Person oder denselben Objekten nebeneinander zu sehen. Wenn Sie einen Feed zum Thema »Hochzeitsfotografie« haben, wäre es ungünstig, zwei verschiedene Hochzeitssträuße nebeneinander zu zeigen oder zwei Fotos von Hochzeitstorten, Bräuten, Bräutigamen usw. Mischen Sie stattdessen beliebte Hochzeitskategorien in Ihren Beiträgen.

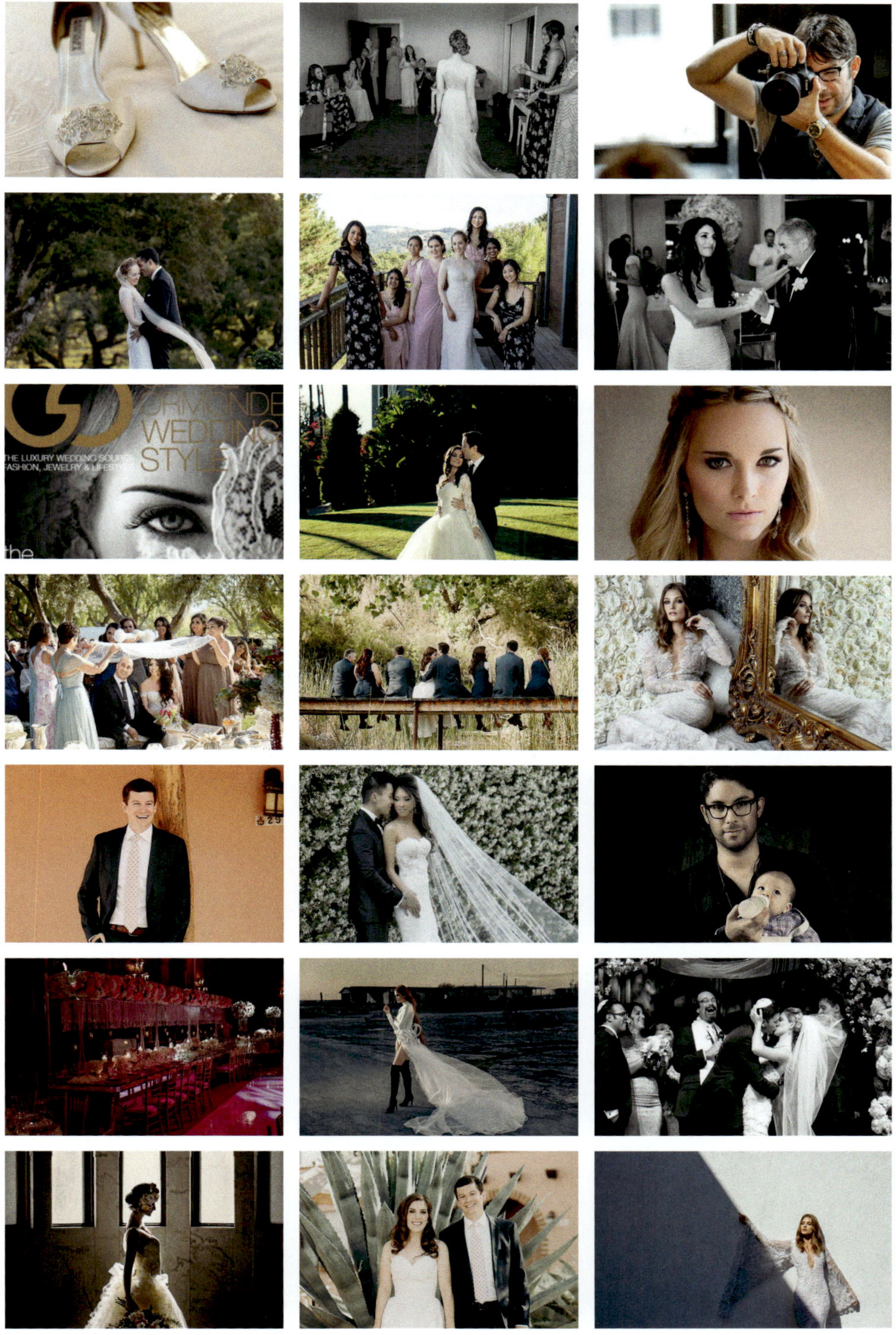

ABBILDUNG 1.5

Ich empfehle, die Besucher Ihres Feeds auf eine emotionale und visuelle Reise mitzunehmen. Zeigen Sie zum Beispiel ein Foto eines wundervoll auf einer Hochzeit eingefangenen Details. Zu den beliebten Details gehören Torten, Schuhe, Kleider, Tisch- und florale Dekoration, Hochzeitseinladungen, Blumensträuße und Bilder der vorbereiteten Trauungslocation. Solche Fotos sind optisch sehr attraktiv. Veröffentlichen Sie dann ein berührendes Foto eines außergewöhnlichen Moments, den Sie bei einer Hochzeit festgehalten haben - das ist Ihr emotionales Foto. Geben Sie Ihren Kunden danach auch die Möglichkeit, den Fotografen hinter diesen Fotos zu sehen - posten Sie ein Foto von sich selbst, auf dem Sie mit Ihren Kunden arbeiten und interagieren. Ein solches Bild gibt dem zukünftigen Paar einen Hinweis darauf, wie ausgezeichnet die Beziehung zwischen Ihnen und Ihren Kunden ist. Das schafft Vertrauen. Eine tolle Ergänzung dazu wäre ein schönes und fröhliches Brautjungfernfoto.

Ich versuchte, mir die bestmöglichen Kombinationen aus visuell und emotional überzeugenden Fotos vorzustellen, die ich nebeneinander auf Instagram posten könnte. Nach vielen Stunden und unzähligen Fehlversuchen gelangte ich zur folgenden Posting-Reihenfolge (sehen Sie sich außerdem auch den Beispiel-Feed in Abbildung 1.5 an). Ich empfehle Ihnen, sich grob an dieser Liste zu orientieren. Sie brauchen sie nicht stoisch zu befolgen, aber insgesamt wäre es vorteilhaft, die Reihenfolge der Beitragstypen zu beachten. So präsentieren Sie den Feed-Besuchern eine tolle Kombination aus visuellen und emotionalen Beiträgen, die sie dazu bewegen, Sie zu engagieren. Mithilfe der Liste vermeiden Sie zudem den Fehler, zwei Fotos desselben Motivs oder derselben Person nebeneinander zu zeigen.

Instagram: Strategische Reihenfolge und Fotostile für Hochzeitsfotografen

1. Detailbilder
2. Brautbilder im fotojournalistischen Stil
3. Bilder von Ihnen bei der Arbeit und in Interaktion mit den Hochzeitsgästen
4. Bilder vom Brautpaar
5. Bilder der Brautjungfern
6. Starke fotojournalische Bilder von einem beliebigen Moment der Hochzeit
7. Zeitschriftencover mit Ihren Fotos
8. Veranstaltungsorte
9. Porträts der Braut
10. Emotionale Trauungsfotos
11. Bilder der Freunde des Bräutigams
12. Bilder vom Brautkleid
13. Bilder vom Bräutigam bei der Vorbereitung oder als Porträt
14. Bilder von der Vorbereitung der Braut
15. Hochwertige Porträtfotos von Ihnen selbst

Instagram: Strategische Reihenfolge und Fotostile für Porträtfotografen

Für Porträtfotografen ist es sehr wichtig, ihrem Thema treu zu bleiben. Ich weiß, dass Sie viele Arten von Porträts fotografieren können, von Bewerbungsfotos bis hin zu Schwangerschafts-/Mutterschaftsfotos, aber für Ihren Instagram-Account müssen Sie sich auf ein Genre festlegen. Wenn Sie auch Business-Porträts fotografieren, legen Sie sich ein weiteres Benutzerkonto an, das Ihrem Porträtgeschäft gewidmet ist. Aber vermischen Sie die beiden nicht, denn für die Interessenten wäre das verwirrend. Gute Instagram-Accounts folgen einer bestimmten Ästhetik. Sie liefern Ideen und Inspiration zu einem einzigen Thema für all jene, die nach einem bestimmten Genre suchen. Daher sollten Sie, so schmerzhaft dies für Sie sein mag, in Ihrem Instagram-Account bei einem Genre bleiben. Noch besser ist es, ein Benutzerkonto zu erstellen, das einem einzigen Porträtgenre gewidmet ist, dabei aber verschiedene Kombinationen anbietet, die zur Gesamtästhetik Ihres Stils passen. Das ist der Schlüssel zu einem erfolgreichen Instagram-Auftritt.

Nun wissen Sie, welche Arten von Fotos Sie einstellen sollten. Darüber hinaus gibt es einige visuelle Techniken, mit denen Sie Ihren Feed auf Instagram visuell ansprechender gestalten:

1. Achten Sie auf ausgewogene Farben. Instagram verwendet ein dreispaltiges Layout. Wenn Sie also zwei Fotos mit rotem Hintergrund nebeneinander und dann ein Foto mit rosa Hintergrund posten, wird der Feed stärker von den roten Beiträgen geprägt. Wenn Sie das Foto mit dem rosa Hintergrund dagegen mittig zwischen den beiden roten Beiträgen platzieren, wirkt der Feed ausgewogener.

1. Wenn Sie ein Foto einer Person mit nach links gerichtetem Kopf einstellen, posten Sie nicht als Nächstes ein weiteres Porträt, in dem der Kopf ebenfalls nach links zeigt. Wechseln Sie die Blickrichtungen immer ab. Ein Instagram-Feed gerät aus dem optischen Gleichgewicht, wenn in zwei benachbarten Bildern die Köpfe in dieselbe Richtung zeigen, im dritten Foto jedoch nicht. Sie können alle drei in dieselbe Richtung zeigen lassen, aber nicht nur zwei.
2. **Schwarzweiß- und Farbbilder.** Das gleiche Prinzip gilt für gemischte Schwarzweiß- und Farbfotos. Sie können drei Schwarzweißfotos posten, wenn Sie aber zwei Schwarzweißfotos und ein Farbfoto haben, fügen Sie das Farbfoto unbedingt zwischen den beiden Schwarzweißfotos ein. Auch hier würden zwei nebeneinanderstehende Schwarzweißfotos mit einem dritten Farbfoto das Gleichgewicht stören.

Das Ziel für Ihren Porträt-Feed ist ein ausgewogener Gesamteindruck. Die Besucher werden Ihren Instagram-Auftritt vielleicht fünf Sekunden lang betrachten. Wenn Ihr Feed schlampig und unausgewogen wirkt, schreckt er sie ab und sie werden einfach weiterziehen. Wirkt Ihr Feed dagegen optisch ansprechend, ausgewogen und einheitlich, werden sie sich darin verlieren und Ihre Arbeit lange betrachten. Und genau das wollen Sie ja! Apps wie UNUM bieten hervorragende Werkzeuge, um Ihren Feed mit den von Ihnen zur Veröffentlichung vorgesehenen Fotos bereits vorab zu visualisieren, um die Reihenfolge zu bestimmen und festzustellen, ob die Fotos als Bildabfolge gut aussehen werden oder nicht. Ich nutze UNUM fast jeden Tag, um meinen Instagram-Feed professionell und ausgewogen zu gestalten.

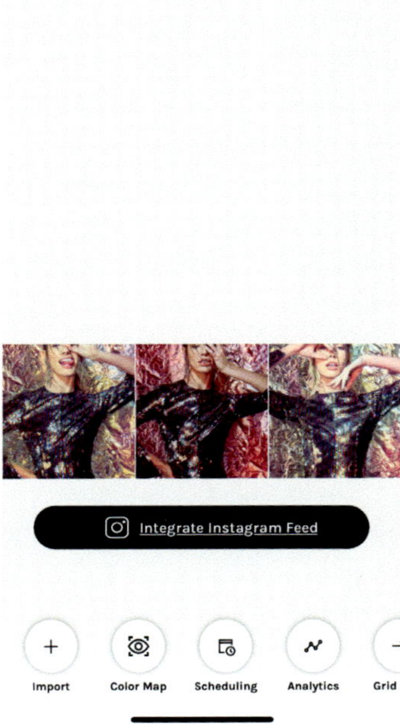

ABBILDUNG 1.6 UNUM im Einsatz. In diesem Beispiel hatte ich zwei mehrfarbige Hintergründe und ein Foto mit einem rosa Hintergrund. Da alle drei Fotos etwas Rosa im Hintergrund hatten, habe ich mit UNUM ausprobiert, wie mein Feed aussehen würde, wenn ich sie nach dem Zufallsprinzip poste bzw. wenn ich das Foto mit dem rein rosafarbenen Hintergrund in der Mitte platziere. Sie sehen, dass ich durch die mittige Platzierung des Fotos mit dem rosa Hintergrund eine ausgewogene Wirkung der Dreierbildfolge erreiche. UNUM ist ein unschätzbares Hilfsmittel für die Planung Ihrer Beiträge. Nutzen Sie es.

Sorgfältig gewählte Hashtags

Hashtags sind so etwas wie Suchmaschinenoptimierung (SEO) für Instagram. Mit anderen Worten, durch Hashtags werden die Leute überhaupt erst auf Sie aufmerksam. Ein Hashtag ist ein einzelnes Wort (ohne Leerzeichen) mit dem Hashtag-Symbol (#) davor – so etwas wie »#brautkleid« oder »#hochzeitberlin«. Wenn jemand nach dem Hashtag sucht, den Sie in Ihrem Beitrag verwendet haben, zeigt Instagram alle Fotos mit diesem Hashtag an. Wenn Sie natürlich einen sehr beliebten Hashtag verwenden, der von Millionen von Menschen verwendet wird, z. B. »#braut«, dann werden Ihre Fotos zwar auch angezeigt, aber eben inmitten all der anderen anderthalb Millionen Bilder mit diesem Hashtag. Bei besonders beliebten Hashtags wird es für die Nutzer also fast unmöglich, Ihren Beitrag zu finden.

Es gibt andere Möglichkeiten, um Ihren Feed unter den Milliarden Instagram-Konten zu finden. Der Einsatz von Hashtags gehört jedoch zu den effizientesten Methoden, die Ihre Chancen erhöhen, von Ihren idealen Kunden, Veranstaltern und Hochzeitsplanerinnen entdeckt zu werden. Ohne Hashtags können nur all die Ihre Beiträge sehen, die Ihnen ohnehin schon folgen. Ihre Instagram-Gefolgschaft würde nur quälend langsam wachsen.

Denken Sie daran, dass der Instagram-Algorithmus Accounts mit vielen Followern eine höhere Priorität bei der Anzeige von Fotos mit denselben Hashtags einräumt. Wenn Sie etwa den weit verbreiteten Hashtag »#hochzeitsfotografie« verwenden, werden die größeren Accounts höchstwahrscheinlich weiter oben im Feed stehen. Daher ist es eine gute Idee, auch kreativere Hashtags zu verwenden, die ebenfalls relevant und leicht zu finden sind und die nicht mit so vielen Fotos verknüpft sind. Ein Hashtag wie »#hochzeitsfotoideen« hat deutlich weniger Beiträge. Damit hätten Sie eine viel bessere Chance, gefunden zu werden, wenn Sie diesen Hashtag anstelle von »#hochzeitsfotografie« verwenden. Gehen Sie bei der Auswahl Ihrer Hashtags also strategisch vor – die Suche kann kompliziert und zeitaufwendig sein, aber das ist es wert!

Achten Sie darauf, dass Ihre Hashtags zum Foto passen oder etwas damit zu tun haben

Instagram verfügt über einen sehr intelligenten Algorithmus zur Bilderkennung, der feststellen kann, ob ein Foto und ein Hashtag gar nichts miteinander zu tun haben. Instagram mag es nicht, wenn Leute Hashtags posten, die nicht mit dem Foto in Beziehung stehen. Um die Chancen zu erhöhen, dass Ihr Foto über Hashtags gefunden wird, sollten Sie daher sicherstellen, dass sie das Bild genau beschreiben. Wenn Sie zum Beispiel ein Foto eines niedlichen Hundes posten, der mit den Eheringen den Gang entlangläuft, und dafür den Hashtag »#fashionblog« verwenden, wird der Instagram-Algorithmus Sie abstrafen. Ein Hashtag wie »#ringträgerhund« wird von der Instagram-KI dagegen viel wohlwollender bewertet werden. Die gleichen Überlegungen gelten auch für Porträtfotografien. Lesen Sie sich Ihre Hashtags sorgfältig durch, stellen Sie sicher, dass sie Sinn ergeben, und überprüfen Sie sie auf Rechtschreibfehler.

Bedauerlicherweise habe ich eine beträchtliche Anzahl an Fotos mit falsch geschriebenen Hashtags eingestellt. Es ist sehr ärgerlich, drei Monate später herauszufinden, dass deswegen ein Beitrag in der Statistik so eine geringe Benutzeraktivität zeigt.

Anzahl und Platzierung von Hashtags

Wir alle kennen diese Beiträge, die scheinbar jeden einzelnen Hashtag unter der Sonne verwenden. Der übermäßige Einsatz von Hashtags sieht nicht nur hässlich aus, sondern wirkt geradezu Spam-artig. Während ich dies schreibe, begrenzt Instagram die Anzahl der zulässigen Hashtags auf 30 pro Beitrag. Wenn Sie mehr als 30 Hashtags verwenden, wird Ihr Foto nicht veröffentlicht. Daher gilt: Ihre Bildunterschrift sollte nicht mehr als drei bis fünf Hashtags enthalten - der Rest sollte in Ihren Kommentaren stehen. Studien haben gezeigt, dass Beiträge mit etwa fünf Hashtags am meisten Resonanz finden. Wenn ein Beitrag mehr als 10 Hashtags hat, lässt die Nutzerinteraktion deutlich nach.

Ich empfehle Ihnen, lieber weniger und dafür aussagekräftigere Hashtags zu verwenden. Fünf Hashtags sind das Optimum. Wenn Sie das Bedürfnis haben, mehr als fünf Hashtags zu verwenden, setzen Sie die zusätzlichen Hashtags in die Kommentare. Ihre Beiträge müssen Sie unbedingt sauber halten. Niemand schaut sich gerne Beiträge an, die wie Spam aussehen. Ein Beitrag voller Hashtags wirkt verzweifelt (und das ist der letzte Eindruck, den Sie erwecken wollen).

Geeignete Bildunterschriften für Porträt- oder Hochzeitsfotografen

Niemand verfasst gerne Bildunterschriften. Wir sitzen ratlos vor einem Bild und fragen uns »Was soll ich zu diesem Foto sagen? Soll ich versuchen, witzig zu sein, oder lieber ein Klischee bemühen?« Wir wollen originell sein und etwas Trendiges, Ansprechendes und Mitreißendes sagen, tun uns aber schwer mit der richtigen Idee. Sich gute Bildunterschriften auszudenken, kann sehr mühsam sein. Das können Sie sicher nachvollziehen. Natürlich kommt es im Einzelnen immer auf Ihre spezielle Zielgruppe an. Die folgenden fünf Prinzipien beschreiben, wie Sie gute Instagram-Untertitel für Ihr Business erstellen können. Sie gelten generell, aber Ihre Inhalte müssen für Ihr jeweiliges Publikum interessant sein. Fesseln Sie Ihr Publikum also, indem Sie sein Interesse wachhalten.

Machen Sie den ersten Teil der Bildunterschrift zum »Aufhänger«

Der »Aufhänger« ist wie die große, fettgedruckte Schlagzeile auf der ersten Seite einer Zeitung. Er ist der eigentliche Grund dafür, die Zeitung in die Hand zu nehmen und den Artikel zu lesen. Wenn diese Schlagzeile Ihre Aufmerksamkeit weckt und Sie mehr lesen möchten, dann werden Sie die Zeitung wahrscheinlich kaufen. Dasselbe

Prinzip gilt auch hier. Wenn Sie als Porträtfotograf die Schlagzeile »Tolles Shooting gestern« verwenden, dann wird diese doch sehr allgemeine und überstrapazierte Formulierung keine Aufmerksamkeit erregen. Lautet Ihr Aufhänger jedoch: »Wenn bei einem Shooting einfach alles passt«, dann werden sich Ihre potenziellen Kunden fragen: »Was ist passiert? Was hat gepasst? Wie sieht es aus, wenn einfach alles funktioniert?«. Das macht Leser auf jeden Fall neugierig und bringt sie dazu, weiterzulesen.

Aber Vorsicht mit Zeilen, die nach Clickbait klingen. Instagram-Nutzer bekommen dafür mit der Zeit einen Riecher und wenden sich genervt ab.

Formulieren Sie informativ, persönlich ansprechend oder interessant

Denken Sie eine Weile darüber nach, was an Ihrem Beitrag informativ, ansprechend oder interessant sein könnte. Eine informative Bildunterschrift erleichtert es den Kunden zum Beispiel, sich bestimmte Abläufe oder Situationen besser vorzustellen. Persönlich ansprechend könnte eine Anekdote aus Ihrem Fotografenalltag sein, wie sie jeder schon einmal erlebt hat. Oder die Bildunterschrift könnte eine Geschichte erzählen, die Sie bei den Aufnahmen erlebt haben und die Sie emotional berührt hat. Auch die Beschreibung Ihrer eigenen Beobachtungen könnte eine interessante Bildunterschrift ergeben. Die Bildunterschrift muss nicht alle drei Eigenschaften aufweisen, aber zumindest eine sollte vorhanden sein. Sonst wird sie niemand lesen wollen.

Schreiben Sie etwas Einprägsames

Fällt Ihnen für Ihre Bildunterschrift etwas ein, das Ihnen sofort ins Auge springt? Was würde beim Leser am ehesten hängen bleiben? Was ist die Pointe? Sehen Sie sich zum Beispiel Abbildung 1.7 an. Eine wichtige Erkenntnis zu diesem Foto würde lauten: »Räumliche Tiefe ist ein Schlüsselelement für romantische Porträts.« Das ist sehr simpel, nicht wahr? Aber jetzt wird den Betrachtern klar, dass Tiefe in der Bildkomposition jede Porträtaufnahme romantischer wirken lässt, als wenn Sie einfach eine Person vor einer Wand fotografiert hätten.

Appellieren Sie an Ihr Publikum

Ein guter Appell animiert Ihr Publikum, sich tiefergehend mit Ihnen auseinanderzusetzen. Dazu könnten Sie es ermutigen, einen eigenen Kommentar abzugeben, eine Website zu besuchen oder einem Link zu einem neuen, spannenden Produkt zu folgen. Wenn Sie Porträtsessions für Menschen anbieten, die die Fotos als Urlaubskarten verwenden wollen, könnten Sie dazu appellieren, rechtzeitig auf einen Buchungslink zu klicken, bevor Ihr Angebot ausläuft. Eine Deadline oder ein begrenztes Buchungskontingent erzeugt Dringlichkeit, es muss schnell gehandelt werden! Kombiniert mit einem Appell, ergibt das ein starkes und wirkungsvolles Duo.

ABBILDUNG 1.7

Achten Sie auf gute Lesbarkeit

Achten Sie schließlich auch darauf, Ihrer Bildunterschrift etwas Raum zum Atmen zu geben, damit sie gut lesbar ist. Ich sehe häufig sehr lange Bildunterschriften ohne Leerzeichen oder Absatzumbrüche. Wer will so etwas lesen? Wenn Ihre Bildunterschrift gut gegliedert ist, wird sie viel lesefreundlicher.

Nutzen Sie Instagram-Stories für eine persönliche Note

Es fließt so viel Zeit und Mühe in die Planung und das Verfassen effektiver businesstauglicher Bildunterschriften für Ihren offiziellen Instagram-Feed, dass nur sehr wenig Platz für persönliches Material bleibt. Ganz zu schweigen davon, dass es visuell weniger ansprechend ist, wenn Sie Ihre professionellen Fotos mit Aufnahmen von Ihrem Spaghetti essenden Baby vermischen. Hier kommen die Instagram-Stories ins Spiel!

Bei Instagram hat man erkannt, dass die Nutzer ihre sorgfältig kuratierten Feeds nicht durch persönliche Beiträge verwässern wollen. Aber das Bedürfnis, den Menschen hinter dem Feed zu zeigen, ist nach wie vor sehr groß. Deshalb wurden Instagram-Stories ins Leben gerufen. Dort können Sie Ihr privates Material posten. Die Menschen lieben es, die Personen hinter ihren Lieblingsfeeds kennenzulernen! In vielen Fällen erhalten Sie durch Instagram-Stories eine viel größere Aufmerksamkeit als durch die offiziellen Beiträge in Ihrem Feed. Mit den Stories können Menschen sich häufig stärker identifizieren, weil sie zwanglos, persönlich, unvollkommen und lustig sein sollen.

Fallstricke von Instagram-Stories

Auch wenn es in den Geschichten darum gehen sollte, wer Sie sind, damit die Zuschauer Sie auf einer persönlichen Ebene kennenlernen können, müssen Sie dennoch strategisch planen, was Sie mit der Community teilen möchten. Denken Sie daran, dass Ihr geschäftlicher Feed nach wie vor ein geschäftlicher Feed ist. Das heißt, Sie sollten zwar zwanglose und unterhaltsame Stories teilen, aber Sie sollten auch sicher sein, dass diese dennoch professionell, geschmackvoll und nicht kontrovers sind. Wie bei der Etikette für Geschäftsessen ist es auch hier wichtig, nicht über politische Ansichten oder Religion zu sprechen oder unsensible Witze zu machen oder irgendeine Negativität an den Tag zu legen. Gute Themen sind etwa Familie, Essen, Musik, Mode, Reisen und persönliche Projekte. Ich empfehle Ihnen, in Ihren Stories stets ein positives Gefühl zu vermitteln.

Bevor ich dieses Kapitel abschließe, möchte ich noch darauf hinweisen, dass Instagram eine ernst zu nehmende Angelegenheit ist. Es wäre ein kostspieliger Fehler, es nur als eine Social-Media-Plattform unter vielen zu betrachten. Die Zeiten ändern sich, und Instagram ist der neue Weg, wie Menschen nicht nur nach Ihnen suchen, sondern Sie auch weiterhin im Auge behalten, um herauszufinden, ob Sie gut zu ihnen passen oder nicht. Viele Fotografen werden über Instagram gefunden und beauftragt.

KAPITEL 2

SUCHMASCHINEN-OPTIMIERUNG FÜR PORTRÄT- UND HOCHZEITSFOTOGRAFEN

Suchmaschinenoptimierung (oder SEO) sollte bei der Umsetzung jeder Geschäfts- und Marketingstrategie an erster Stelle stehen. Es geht dabei darum, wie die Nutzer Sie mit einer Suchmaschine wie Google unter Millionen oder Milliarden von Menschen finden können. Ohne SEO haben Sie kaum eine Chance, dass Ihre Dienstleistungen auf diesem Weg gefunden werden. Die Einarbeitung in die Suchmaschinenoptimierung erfordert sehr viel Zeit und Wissen. Google und andere Suchmaschinen aktualisieren oder modifizieren ihre Algorithmen naturgemäß auch immer wieder, um ihren Nutzern bessere und relevantere Ergebnisse zu liefern. Außerdem müssen Sie unbedingt verstehen, was »Keywords« und »Search Intent« sind.

Da dieses Kapitel für Ihren geschäftlichen Erfolg so extrem wichtig ist, hielt ich es für richtig, einen SEO-Experten um Hilfe zu bitten. Mein Wissen zu diesem Thema ist viel zu allgemein, um Ihnen einen echten Mehrwert zu bieten. Deshalb habe ich meinen guten Freund, den SEO-Guru Rob Greer, gebeten, dieses Kapitel zu übernehmen. Das Thema wird in zwei Abschnitten behandelt. Der erste stammt aus einem Artikel über »Search Intent« (die Absicht des Suchmaschinennutzers), den Rob für die Zeitschrift »Rangefinder« geschrieben hat. Der zweite Abschnitt behandelt die wichtigsten und relevantesten SEO-Komponenten aus Robs SEO-Handbuch für Kunden seiner Website-Plattform »Good Gallery«.

Nachfolgend lernen Sie die Grundlagen einer erstklassigen SEO-Strategie kennen. Auch wenn Google seine Suchalgorithmen regelmäßig aktualisiert oder ändert, werden qualitativ hochwertige und wertvolle Textinhalte auf Ihrer Website aus SEO-Sicht niemals unattraktiv werden. Sie können sich also darauf verlassen, dass das von Rob bereitgestellte Material korrekt und zweckdienlich ist, unabhängig davon, wann Sie dieses Kapitel lesen.

Search Intent: Sichern Sie sich den ersten Platz bei Google

Erstellen Sie keine Inhalte, solange Sie nicht verstanden haben, was die Besucher wirklich wollen.

Google ist bestrebt, die Suchanfragen der Nutzer gleich auf der ersten Suchergebnisseite zu beantworten.

Wenn Ihr Marketingplan eine Suchmaschinenoptimierung (SEO) umfasst, muss Ihre Website bessere Antworten als andere Websites liefern, um an erster Stelle zu stehen. Diese Antworten können als Textinhalt auf Ihrer Homepage, in einem Blog-Eintrag, in einer Bildunterschrift oder auf einer statischen Webseite erscheinen. Google ist es egal, wo sich diese Antwort befindet.

Aber bevor es Antworten gibt, möchte Google gerne die Frage verstehen. Und um die Frage zu verstehen, betrachten die Suchdienste die Suchabsicht, den sogenannten »Search Intent«.

Search Intent

Der Search Intent bezieht sich auf die eigentliche Intention oder den wahren Sinn hinter den Suchwörtern oder -phrasen. Google setzt auf künstliche Intelligenz, Keywords, den Suchverlauf und den geografischen Standort, um diese tatsächliche Bedeutung zu interpretieren.

Beispielsweise könnten Nutzer nach »der beste Wintermantel« suchen, weil sie

- einen warmen Mantel brauchen,
- einen leichten Mantel brauchen,
- verschiedene Auswahlmöglichkeiten möchten,
- Wintermäntel miteinander vergleichen wollen und/oder
- die Preise für Wintermäntel herausfinden möchten.

Der tiefere Grund hinter der Suche ist:

- Ihr alter Mantel ist abgetragen.
- Sie wollen den letzten Modeschrei.
- Sie besuchen eine förmliche Veranstaltung.

- Sie verreisen und brauchen einen Mantel.
- Sie haben zugenommen und der alte Mantel ist zu eng.
- Sie haben abgenommen und der alte Mantel ist zu weit.
- Ihnen ist kalt.

Ebenso könnten Nutzer, die nach »der beste Hochzeitsfotograf« gesucht haben, Folgendes suchen:

- preisgekrönte Fotografen
- Fotografen an bestimmten Reisedestinationen
- tolle Fotografen-Portfolios
- ortsansässige Fotografen
- Fotografenvergleiche
- Fotografenlisten
- Preise von Fotografen
- beliebte Fotografen
- Ideen für Hochzeitsfotos
- Spezialisten für Hochzeitsfotografie

Und der Grund für ihre Suche ist, dass sie:

- frisch verlobt sind,
- auf ihre baldige Verlobung hoffen,
- Eltern (geworden) sind,
- Hochzeitsplaner sind,
- Manager eines Veranstaltungsortes sind oder
- Wettbewerber sind.

Google ist ausdrücklich bestrebt, Suchenden »in kürzester Zeit die relevantesten und qualitativ hochwertigsten Informationen« zur Verfügung zu stellen. Wenn Ihnen also bestimmte Keyword-Phrasen vorschweben, mit denen Sie auf Platz eins der Suchergebnisse landen wollen, müssen Sie Inhalte erstellen, die eine solche Positionierung verdienen.

An erster Stelle stehen

Ein Top-Ranking bedeutet, dass Sie nach Ansicht von Google die beste Antwort auf eine bestimmte Suchanfrage liefern. Oder, noch besser, Sie haben die beste Antwort auf die Frage eines Suchenden, den Google genau identifiziert hat. Aus diesen Gründen müssen Sie vor der Erstellung Ihrer Inhalte zunächst den Search Intent berücksichtigen.

Um dem Search Intent auf den Grund zu gehen, definiere ich zunächst meine Zielgruppe. Wenn ich zum Beispiel für frisch verlobte Paare schreibe, könnte ich meine Inhalte nach Geschlecht (männlich, weiblich, divers) ausrichten, nach dem Planungsstadium, in dem sich die Suchenden befinden (vor oder nach der Auswahl des Veranstaltungsortes), oder nach ihren Vorlieben (ernsthaft, ungezwungen, eigenwillig).

Alternativ dazu könnte ich meinem Publikum grob all jene Menschen zuordnen, die sich für meine Fotografie interessieren. Wenn ich mein Publikum allerdings genauer definieren kann, steigt auch die Wahrscheinlichkeit, effektivere Inhalte zu erstellen. Von meiner obigen Liste für mögliche Motivationen, nach Hochzeitsfotografen zu suchen, werden sich Fotografen, die keine Hochzeitsfotografie anbieten, wahrscheinlich nicht so gut repräsentiert gefühlt haben wie Hochzeitsfotografen.

Und das ist auch gut so. Ich habe beim Verfassen der Liste den Search Intent berücksichtigt und mich ganz auf Hochzeitsfotografen konzentriert, weil ich wusste, dass Fotografen mit anderen Spezialgebieten das Prinzip verstehen würden. Aber es war eine wohlüberlegte Entscheidung, die nicht zufällig oder aus dem Stegreif getroffen wurde. Nehmen Sie sich die Zeit, Ihr Zielpublikum auf ähnliche Weise zu analysieren.

Nachdem Sie Ihre Zielgruppe definiert haben, ist es an der Zeit, die Fragen aufzulisten, die mit Blick auf den Search Intent beantwortet werden müssen - und diese dann auch vollständig zu beantworten (in Blogbeiträgen, Artikeln, Bildunterschriften und so weiter). Bewährte Methoden zum Sammeln von Fragen sind Brainstorming, Teamarbeit und Recherche.

Brainstorming-Sessions können in Ihrem Büro, in einem Café, am Strand oder in der freien Natur erfolgen. Es ist egal, wo Sie sie durchführen. Tun Sie dies ganz nach Ihrem Geschmack. Aber tun Sie es.

Beim Brainstorming ist keine Idee zu vage, zu unbedeutend, zu albern, zu banal oder zu abwegig. Die Menge macht's. Wenn Ihnen nichts Neues einfällt, überarbeiten Sie Ihre Liste und setzen Sie Prioritäten. Erfolgversprechend ist es zudem, die Liste beiseite zu legen und sie erst einige Tage später wieder zur Hand zu nehmen. Mit frischem Blick werden Ihnen neue Gedanken zu ihr kommen.

Im nächsten Schritt folgt die Zusammenarbeit mit anderen Menschen. Senden Sie persönliche Nachrichten an Freunde, Familienmitglieder und Kollegen oder bitten Sie in sozialen Medien um Feedback. Gehen Sie bei dieser Teamarbeit offen und ehrlich mit den Rückmeldungen um. Sie könnten zum Beispiel fragen: »Was würde euch besonders interessieren, wenn ihr frisch verlobt und auf der Suche nach dem besten Hochzeitsfotografen wäret?« Sie könnten auch einen anderen Ansatz wählen und fragen: »Was macht jemanden zum ›besten‹ Hochzeitsfotografen?«

Stellen Sie die Antworten zusammen und formulieren Sie dann dazu passende Fragen. Kombinieren Sie diese Fragen dann mit den Fragen, die Sie beim Brainstorming ausgearbeitet haben. Sobald Sie die Fragen zusammengestellt haben, setzen Sie Ihr persönliches Wissen und neue Rechercheergebnisse ein, um sie zu beantworten.

Recherche ist wichtig, weil Sie einzigartige, umfassende, wertvolle und vertrauenswürdige Informationen benötigen, um die Fragen Ihrer Besucher zu beantworten. Und wenn Sie die Fragen vollständig beantworten, werden Sie von den Suchmaschinen möglicherweise mit Platzierungen auf der ersten Ergebnisseite belohnt.

Geben Sie Ihre Frage zunächst bei Google ein, um Ihre Recherche zu starten. Sehen Sie sich die ersten zehn Suchergebnisse für diese Frage an. Untersuchen Sie, wie die Frage auf anderen Websites beantwortet wird. Nutzen Sie diese Informationen, um bessere Antworten auf dieselbe Frage zu formulieren – in Ihren eigenen Worten. Plagiieren Sie nicht! Google weiß, wer diesen Inhalt zuerst gepostet hat, und durch stumpfes Kopieren laufen Sie Gefahr, abgestraft und damit ignoriert zu werden. Darüber hinaus riskieren Sie den Unmut der plagiierten Website-Betreiber und der Internet-Community.

Nachdem Sie die Frage beantwortet haben, bauen Sie Ihre Antwort über die Informationen der Konkurrenz hinaus aus. Wenn Sie beispielsweise Ideen für Hochzeitsfotos veröffentlichen möchten und drei der zehn höchstplatzierten Websites über negativen Raum sprechen, ohne diesen näher zu definieren, dann ist das Ihre Chance, durch eine präzise Abhandlung zum Negativraum einzigartige Inhalte anzubieten.

Wenn Sie die Top-Websites nach Ideen durchforstet haben, widmen Sie sich als Nächstes dem Abschnitt »Verwandte Suchanfragen« unterhalb der Google-Suchergebnisse. Dort finden Sie eine Liste mit beliebten verwandten Suchanfragen. Beantworten Sie auch diese vorgeschlagenen Fragen.

Nachdem Sie schließlich auch diese Fragen geklärt haben, kürzen Sie unnötige Wörter aus Ihrem Text. Es ist eine Internet-Legende, dass es bei Website-Inhalten um die Anzahl der Wörter gehe. Vielmehr geht es darum, die beste Antwort auf eine Suchanfrage zu liefern. Und wenn Sie die beste Antwort in 100 Wörtern (oder 50 Wörtern) anbieten können, dann wird Google Sie trotzdem belohnen. Die Wortanzahl spielt keine Rolle.

Nachdem ich Ihnen nun die Vorgehensweise geschildert habe, erkennen Sie, dass die Erstellung von Inhalten für Website-Besucher dem Verfassen einer wissenschaftlichen Arbeit gleicht. Und sie kann ziemlich aufwendig sein. Aber verlieren Sie nicht den Mut. Sie brauchen nur besser zu sein als Ihre Konkurrenz. Also, machen Sie es besser. Seien Sie besser. Und möge die Macht mit Ihnen sein.

Das SEO-Handbuch von »Good Gallery«

SEO

Suchmaschinenoptimierung (*Search Engine Optimization*, kurz SEO) umfasst Strategien und Taktiken, um die Platzierung einer Website in den Ergebnisseiten einer Suchmaschine (*Search Engine Results Pages*, kurz: SERPs) zu verbessern. SEO gehört außerdem zu den am häufigsten missverstandenen Aspekten des Marketings für Kleinunternehmen.

Es gibt keinen schnellen oder einfachen Weg zum SEO-Erfolg. SEO ist eine langfristige Strategie. Für gute Ergebnisse müssen Sie sich Zeit nehmen, lohnende Inhalte für Ihre Website zu konzipieren. Mit anderen Worten: Wenn Sie schon morgen mehr Aufträge benötigen, wird Ihnen Suchmaschinenoptimierung wahrscheinlich nicht helfen.

SEO sollte auch nicht Ihre einzige Marketingstrategie sein. Obwohl es toll ist, wenn Ihre Website auf der ersten Ergebnisseite von Google erscheint, sollten Sie Ihre SEO-Bemühungen mit kostenpflichtiger Werbung, Verzeichniseinträgen, sozialen Medien, Networking und Querverweisen ergänzen.

Diese Informationen zur Suchmaschinenoptimierung beziehen sich auf On-Page-Ranking-Strategien und -Taktiken. Allerdings beeinflussen auch Off-Page-Ranking-Faktoren Ihre Suchmaschinenplatzierungen. Zu diesen Faktoren gehören unter anderem Links, die auf Ihre Website verweisen, Erwähnungen in sozialen Medien, Vertrauensfaktoren und Website-Authority. Nutzen Sie Ihre Suchmaschine, um weitere Informationen zu diesen Themen zu finden.

Ranking-Faktoren

Es gibt Hunderte oder sogar Tausende von Ranking-Faktoren für Suchmaschinen.

Stellen Sie sich die Suchmaschinenoptimierung wie eine Checkliste vor, die Sie Punkt für Punkt abarbeiten sollten.

Wenn Sie eine Liste aller möglichen Ranking-Faktoren hätten und neben jeder Anforderung ein Kontrollkästchen stünde, müssten Sie mehr Kontrollkästchen als Ihre Konkurrenten ankreuzen, um ein höheres Ranking als diese zu erzielen.

Mit anderen Worten: Wenn Sie mehr Arbeit leisten als Ihre Konkurrenten und wenn Ihr Inhalt es verdient, an erster Stelle zu erscheinen, dann werden Suchmaschinen Ihre Bemühungen belohnen und Ihre Website in ihren Suchergebnissen höher einordnen.

Keywords

Schlüsselwörter oder Keywords sind einzelne Wörter, die für Suchmaschinen von Bedeutung sind.

Hier sind ein paar beispielhafte Keywords, die für in New York City tätige Hochzeitsfotografen von Belang sind:

- New York
- New York City
- NYC
- Manhattan
- Brooklyn
- Queens
- The Bronx
- Staten Island
- Wedding
- Weddings
- Photographer
- Photographers
- Photograph
- Photographs

Keyword-Phrasen

Keyword-Phrasen bestehen aus mehreren Wörtern, die meist zusammen auftreten und für Suchmaschinen von Bedeutung sind.

Keywords werden häufig zu Keyword-Phrasen kombiniert. Hier ein paar beispielhafte Keyword-Phrasen, die für in München tätige Hochzeitsfotografen von Belang sind:

- München Hochzeitsfotografie
- Bester Hochzeitsfotograf München
- Hochzeiten München
- Hochzeit in München
- Hofgarten Hochzeitsfotos
- Hochzeit Schloss Nymphenburg

Titel

Titel sind Beschriftungen, die in Suchergebnissen, Lesezeichen, Browser-Tabs und geteilten Inhalten angezeigt werden. Keywords und Keyword-Phrasen sollten in die jeweiligen Seitentitel eingebunden werden.

Solche Inhalte sollten sich auch in den Beschreibungstexten für Bilder im HTML-Code wiederfinden (den sogenannten »Alt-Tags«). Diese Tags wurden ursprünglich von Bildschirmlesesoftware verwendet, um Bildbeschreibungen bereitzustellen. Heute stellen sie auch einen Ranking-Faktor für Suchmaschinen dar.

Titel gehören zu den wichtigsten Inhaltsbereichen für die Suchmaschinenoptimierung. Gute Titel sind eindeutig, hilfreich, präzise, spezifisch und prägnant. Das Titelfeld sollte gut recherchierte Keywords enthalten. Außerdem sollte jede Seite einen einzigartigen Titel tragen.

Doch die Titel allein können den Website-Besuchern kaum einzigartige oder hilfreiche Informationen bieten. Daher müssen Sie informative und nützliche Inhalte zur Verfügung stellen, um Ihren Seiten oder Bildern ein hohes Suchmaschinen-Ranking zu ermöglichen.

Inhalte erstellen

Inhalte umfassen Artikel, Blog-Einträge, Bildunterschriften, Fallstudien, Checklisten, Vergleiche, Leitfäden, Interviews, Nachrichten, Fragen und Antworten, Rezensionen und Whitepapers. Diese Website-Inhalte werden sowohl von menschlichen Besuchern als auch von den Crawlern der Suchmaschinen konsumiert.

Suchende wollen Antworten. Gute Website-Inhalte beantworten die Fragen der Suchenden. Suchmaschinen belohnen Websites, denen dies gelingt. Die Länge des Inhalts ist dabei nicht so entscheidend wie sein Wert. Kurzer, wertvoller Inhalt ist für das Ranking besser als lange und wertlose Worthülsen.

Wenn Sie nicht in der Lage sind, Ihren Besuchern wirklich wertvolle Inhalte zur Verfügung zu stellen, gibt es keinen Grund, nutzlosen Content hinzuzufügen, denn die Suchmaschinen werden diesen nicht als heraufstufungswürdig ansehen.

Texte

Suchmaschinen analysieren Textinhalte, um die Ranking-Positionen in ihren Ergebnislisten zu bestimmen.

Für optimale Ergebnisse befolgen Sie beim Erstellen von Website-Inhalten die folgenden Schritte:

1. Definieren Sie Target-Keywords.
2. Kundschaften Sie Keywords aus.
3. Sehen Sie sich die besten zehn Suchergebnisse an.
4. Denken Sie über den Search Intent nach.
5. Recherchieren Sie das Thema.
6. Schreiben Sie den Inhalt.
7. Überarbeiten Sie den Inhalt.

Target-Keywords definieren

Der erste Schritt beim Erstellen von Inhalten besteht darin, die Target-Keywords zu definieren.

Vorschläge für Hochzeitsfotografen

Hochzeitsfotografen sollten sich zunächst auf Städtenamen, Namen von Veranstaltungsorten und Locations (Strand, Ballsaal, Hotel), Kulturen (türkisch, koreanisch, griechisch), Religionen (christlich, muslimisch, jüdisch) und den Stil (elegant, klassisch) konzentrieren.

Beispiele für Target-Keywords

Ersetzen Sie »Keyword« durch die/den anvisierte(n) Stadt, Veranstaltungsort, Location, Kultur, Religion oder Stil, und verwenden Sie die Keyword-Phrasen in Ihren Titeln und Inhalten.

- »Keyword« Hochzeiten
- »Keyword« Trauungen
- »Keyword« Hochzeitsfotograf
- »Keyword« Hochzeitsfotografie
- »Keyword« Hochzeitsfotos
- »Keyword« Hochzeitsfotografien
- »Keyword« Hochzeitsbilder
- »Keyword« Hochzeitsfeiern

Vorschläge für Porträtfotografen

Porträtfotografen sollten sich vornehmlich auf Städtenamen und Porträtstile konzentrieren (z. B. Familie, Baby, Neugeborene, Business).

Beispiele für Target-Keywords

Ersetzen Sie »Keyword« durch die anvisierte Stadt oder den anvisierten Stil, und verwenden Sie die Keyword-Phrasen in Ihren Titeln und Inhalten.

- »Keyword« Porträts
- »Keyword« Fotos
- »Keyword« Porträtfotograf
- »Keyword« Fotografie
- »Keyword« Porträtfotografie
- »Keyword« Porträtfotos
- »Keyword« Bilder

Keywords auskundschaften

Die Beliebtheit von Keywords zu untersuchen, ist wohl der bedeutendste Schritt bei der Erstellung von Inhalten. Um Ihren Content planen zu können, müssen Sie das Suchvolumen kennen. Das ist die Anzahl der Suchanfragen nach einem Keyword oder einer Keyword-Phrase. Verschwenden Sie keine Zeit mit der Erstellung von Inhalten, die auf unpopuläre Keywords abzielen.

Beliebte Keywords erhalten mehr Traffic als unbeliebte. Gleichzeitig ist es natürlich auch schwieriger, in den Suchergebnissen für beliebte Keywords Fuß zu fassen als in den Suchergebnissen für unbeliebte Keywords.

Das Suchvolumen und der Schwierigkeitsgrad sollten bestimmen, auf welche Keywords Sie abzielen. Sehen Sie sich reale Suchstatistiken an. Verlassen Sie sich nicht auf Ihre Vermutungen, denn die könnten ebenso gut falsch sein.

Weniger beliebte Keywords sind leichter anzuvisieren als gängige, hart umkämpfte Keywords. Wenn Ihre Website an Autorität gewinnt, wird es einfacher, auf beliebte Keywords abzuzielen.

Das beste Tool zur Ermittlung der Popularität von Keywords bietet die Firma »SEMrush«.

Die zehn besten Suchergebnisse untersuchen

Websites, die es in die Top 10 der Suchergebnisse schaffen, haben sich dieses Ranking verdienen müssen.

Geben Sie das gewünschte Keyword in Ihre bevorzugte Suchmaschine ein. Untersuchen Sie die Websites, die die ersten zehn Plätze in den Suchergebnissen belegen. Oder erweitern Sie Ihre Analyse auf die besten 20 Ergebnisse. Finden Sie heraus, warum die Inhalte der Top-Websites bei den Suchenden so beliebt sein könnten, und erstellen Sie dann noch bessere Inhalte, als auf diesen Websites zu finden sind.

Einige der höchstplatzierten Websites haben möglicherweise keine substanziellen Inhalte. Manchmal ist es schwer zu verstehen, warum Suchmaschinen schlechte Inhalte belohnen. Verschwenden Sie keine Zeit mit dem Versuch, diese Websites nachzubilden. Machen Sie einfach mit dem nächsten Treffer weiter.

Search Intent berücksichtigen

Wie bereits gesagt, beschreibt der Search Intent das Ziel oder die tiefere Bedeutung hinter einer Suchanfrage. Wenn Sie die Motivation hinter der Anfrage verstehen, können Sie Inhalte erstellen, die den wahren Nutzerbedürfnissen entsprechen.

Wer zum Beispiel nach »bester Hochzeitsfotograf« sucht, wünscht sich Antworten auf folgende Fragen:

- Was kostet es, die besten Hochzeitsfotografen zu engagieren?
- Stehen die besten Hochzeitsfotografen an meinem Hochzeitstermin zur Verfügung?
- Welche Fotografen sind auf Hochzeitsfotografie spezialisiert?
- Welches sind die beliebtesten Hochzeitsfotografen?
- Haben die besten Hochzeitsfotografen schon an meinem Veranstaltungsort gearbeitet?
- Welche Hochzeitsfotografen können traumhafte Bilder garantieren?
- Hilf mir, die besten Hochzeitsfotografen zu vergleichen.
- Zeige mir Beispielfotos der besten Hochzeitsfotografen.
- Zeige mir keine schlechten, durchschnittlichen oder auch nur guten Hochzeitsfotografen.
- Sind die besten Hochzeitsfotografen besser als gute Hochzeitsfotografen?

Definieren Sie den Search Intent für Ihre wichtigsten Keywords und nutzen Sie diese Erkenntnis, um Inhalte zu entwickeln, die jede einzelne dieser Benutzerfragen beantworten.

Das Thema recherchieren

Suchmaschinen belohnen Websites mit Platzierungen auf der ersten Seite, wenn sie die umfassendsten Antworten auf die Fragestellungen der Suchenden liefern.

Recherchieren Sie gründlich und anhand verschiedener Quellen zu jedem Aspekt, der mit dem Target-Keyword in Verbindung steht. Geben Sie dann Ihre eigenen Gedanken zu diesen Nachforschungsergebnissen wieder. Ein möglicher Ansatzpunkt für die Recherche ist eine umfassende Liste mit Fragen, die Sie auf Grundlage Ihrer Überlegungen zum Search Intent erstellt haben und die Sie dann beantworten können.

Den Inhalt schreiben

Textinhalte bestehen unter anderem aus Titel, Einleitung und Hauptteil.

Nehmen Sie das Target-Keyword beim Verfassen des Inhalts in den Titel und die Einleitung auf. Fügen Sie zugehörige Keywords außerdem in den Hauptteil ein. Suchmaschinen sind hoch entwickelt und können Inhalte leicht deuten. Daher ist es nicht nötig, Keywords zu wiederholen. Es ist zwar in Ordnung, Keywords ein- oder zweimal zu verwenden, aber eine mehrfache Wiederholung derselben Keywords wird Ihrem Ranking nicht zugute kommen.

Idealerweise sollte Ihr Inhalt auch interne Links (zu anderen Seiten innerhalb Ihrer eigenen Website) und einen Appell enthalten. Wo es angebracht ist, sollten Sie außerdem auch externe Links aufnehmen.

Titel

Titel werden in Suchergebnissen, Lesezeichen, Browser-Tabs und in auf Social Media geteilten Inhalten angezeigt.

Sie gehören zu den wichtigsten Inhaltskategorien für die Suchmaschinenoptimierung. Gute Titel sind eindeutig, hilfreich, präzise, spezifisch und prägnant. Das Titelfeld sollte gut recherchierte Keywords enthalten und jede Seite sollte zudem einen einzigartigen Titel aufweisen.

Nutzen Sie für die ersten Wörter des Titels Ihre Keywords, um die Klickraten zu verbessern. Eine frühzeitige Platzierung von Keywords im Titel kann auch ein Kriterium für ein gutes Suchmaschinen-Ranking sein.

Titel, die nur aus gezielt ermittelten Keyword-Phrasen bestehen, funktionieren häufig am besten. Wenn jedoch Vielfalt gefragt ist, nutzen Sie zusätzliche Titel, die zum Klick auf die Suchmaschinenergebnisse animieren.

Einleitung

Die Einleitung oder der Aufmacher führt die Leser in den nachfolgenden Inhalt ein. Fassen Sie den Inhalt bereits in den ersten Sätzen (vorzugsweise im ersten Satz) zusammen. Am wichtigsten ist, dass ein guter Aufmacher die Besucher dazu anregt, den restlichen Inhalt zu lesen.

Die anvisierte Keyword-Phrase sollte mindestens einmal, aber nicht häufiger als zweimal aufgeführt werden.

Hauptteil

Für den Hauptteil Ihres Textes gilt, dass beliebte, einzigartige, relevante, wertvolle und vertrauenswürdige Inhalte in den Suchergebnissen häufig ganz oben rangieren.

Binden Sie zudem auch interne und externe Links ein, die den Besucher auf weiterführende Informationen verweisen. Diese Links sind ebenfalls ein wichtiger Faktor für die Suchmaschinenoptimierung.

Richten Sie sich beim Verfassen des Hauptteils nach den sechs journalistischen W-Fragen, die bereits Aristoteles kannte: wer, was, wann, wo, warum und wie.

Die minimalistischen, grundlegenden, erweiterten sowie detaillierten Beispiele in jedem der nachfolgenden Abschnitte zeigen mögliche Inhalte auf. Detaillierte Inhalte eignen sich in der Regel besser für SEO als erweiterte Inhalte. Ebenso ist erweiterter Inhalt besser als grundlegender Inhalt. Und schließlich schneiden grundlegende Inhalte besser ab als minimalistische.

Wer

Liefern Sie Informationen über die beteiligten Personen. Um den Inhalt zu erweitern, gehen Sie näher auf einzelne Beteiligte ein. Details sind wichtig.

- **Minimalistisches Beispiel:** Es gibt sieben Zwerge.
- **Grundlegendes Beispiel:** Es gibt sieben Zwerge und sie heißen Chef, Seppel, Pimpel, Brummbär, Hatschi, Schlafmütz und Happy.
- **Erweitertes Beispiel:** Es gibt sieben Zwerge. Chef ist der Anführer, Seppel ist stumm, Pimpel ist schüchtern, Brummbär ist übellaunig, Hatschi niest fürchterlich stark, Schlafmütz ist müde und Happy lacht häufig.
- **Detailliertes Beispiel:** Obwohl er oft von Brummbär herausgefordert wird, ist Chef doch der Anführer der sieben Zwerge. Er trägt eine Brille und verhaspelt sich beim Sprechen immer wieder. Seine Aufgabe als Bergmann besteht darin, die von den anderen Zwergen geschürften Diamanten zu sortieren. Die böse Königin ist seine Feindin.

Was

Liefern Sie Informationen darüber, was passiert ist. Kritisieren, beschreiben, erklären oder bewerten Sie, um die wichtigsten Punkte darzulegen.

- **Minimalistisches Beispiel:** *Schneewittchen und die sieben Zwerge* ist ein Zeichentrickfilm.
- **Grundlegendes Beispiel:** *Schneewittchen und die sieben Zwerge* ist ein Zeichentrickfilm der Walt-Disney-Studios, der auf einem sehr bekannten Märchen basiert.
- **Erweitertes Beispiel:** *Schneewittchen und die sieben Zwerge* ist ein Zeichentrickfilm der Walt-Disney-Studios. Er basiert auf einem deutschen Märchen der Gebrüder Grimm und wurde erstmals vom Filmverleih »RKO Radio Pictures« ins Kino gebracht.
- **Detailliertes Beispiel:** *Schneewittchen und die sieben Zwerge* ist ein Zeichentrickfilm der Walt-Disney-Studios. Er basiert auf einem deutschen Märchen der Gebrüder Grimm und wurde erstmals vom Filmverleih RKO Radio Pictures ins Kino gebracht. Er war der erste abendfüllende Disney-Zeichentrickfilm. Er wurde zur Archivierung ins National Film Registry der United States Library of Congress aufgenommen.

Wann

Liefern Sie Informationen darüber, wann etwas passiert ist. Daten, Wochentage, Tageszeit (morgens, nachmittags, abends, in der Dämmerung, bei Sonnenauf- oder -untergang) sowie Jahreszeiten (Frühling, Sommer, Herbst, Winter) sollten, wann immer es angebracht ist, mit angegeben werden.

- **Minimalistisches Beispiel:** *Schneewittchen und die sieben Zwerge* hatte 1937 Premiere.
- **Grundlegendes Beispiel:** *Schneewittchen und die sieben Zwerge* hatte am 21. Dezember 1937 Premiere.
- **Erweitertes Beispiel:** *Schneewittchen und die sieben Zwerge* hatte am 21. Dezember 1937 Premiere. Am 4. Februar 1938 kam der Film dann in sämtliche US-Kinos.
- **Detailliertes Beispiel:** Am 9. August 1934 fing für den Film *Schneewittchen und die sieben Zwerge* alles an. Ein Disney-Drehbuchautor schlug damals die wichtigsten Charaktere vor. Am 21. Dezember 1937 feierte der Film schließlich seine Premiere. Ab dem 4. Februar 1938 wurde der Film in allen US-Kinos gezeigt. In den Jahren 1944, 1952, 1958, 1967, 1975, 1983, 1987 und 1993 kam er erneut in die Kinos.

Wo

Liefern Sie Informationen zum Ort des Geschehens. Bauen Sie Ihren Inhalt zusätzlich zu den üblichen Informationen mit einzigartigen Details aus.

- **Minimalistisches Beispiel:** *Schneewittchen und die sieben Zwerge* spielt hauptsächlich im Wald, in einer Hütte und in einem Schloss.
- **Grundlegendes Beispiel:** *Schneewittchen und die sieben Zwerge* spielt auf einer Waldlichtung, in einer Zwergenmine, einer kleinen Hütte und in dem unheimlichen Schloss der Königin.

- **Erweitertes Beispiel:** Die kleine Hütte in *Schneewittchen und die sieben Zwerge* ist die Heimat der sieben Zwerge. Im Innern des Häuschens befinden sich Tierschnitzereien, eine Pfeifenorgel, eine kleine Küche und ein wärmender Kamin. Das Äußere weist ein Strohdach und Steinmauern auf.
- **Detailliertes Beispiel:** Die Außengestaltung der kleinen Hütte in *Schneewittchen und die sieben Zwerge* könnte von einem Haus aus Fritz Langs Film *Metropolis* inspiriert worden sein. Möglicherweise wurde das Zeichentrickhaus auch durch die Architektur von acht realen Häuschen in der Nähe des ursprünglichen Standorts der Walt-Disney-Studios beeinflusst. Es handelt sich um ein kleines Fachwerkgebäude mit geschwungenem Reetdach.

Warum

Erklären Sie, warum etwas geschehen ist. Dabei ist es hilfreich, wichtige Inhalte explizit hervorzuheben oder individuelle Beweggründe zu beleuchten. Ein anderer Ansatz besteht darin, zu erklären, warum sich die Besucher für den Inhalt interessieren sollten.

- **Minimalistisches Beispiel:** Die Zwerge kommen bei einem Treffen im Wald mit Schneewittchen in Kontakt.
- **Grundlegendes Beispiel:** Die Zwerge lernen Schneewittchen kennen, als sie im Wald auf ihr Häuschen stößt. Sie putzt es und freundet sich mit den Zwergen an.
- **Erweitertes Beispiel:** Auf der Flucht vor der bösen Königin trifft Schneewittchen auf die Zwerge, als sie im Wald auf ihre Hütte stößt. Sie putzt die Hütte mithilfe der Waldtiere. Darüber freuen sich die Zwerge.
- **Detailliertes Beispiel:** Die Zwerge kommen in engen Kontakt mit Schneewittchen, als sie im Wald auf ihre Märchenhütte stößt, ohne Erlaubnis hereinplatzt und das Häuschen dann mithilfe eines Besens, Lumpen und ihren Freunden aus dem Wald - Rehen, Streifenhörnchen, Hasen, Waschbären, Eichhörnchen, Wachteln, Rotkehlchen und einer Sumpfschildkröte - reinigt. Später wird sie von den Zwergen adoptiert.

Wie

Erklären Sie, wie die Sache passiert ist oder wie sie sich auf die Beteiligten auswirkt. Alternativ erklären Sie, wie etwas funktioniert.

- **Minimalistisches Beispiel:** Schneewittchen hat die Zwerge zufällig getroffen.
- **Grundlegendes Beispiel:** Schneewittchen hielt sich im Wald vor der bösen Königin versteckt, als sie die Zwergenhütte entdeckte.
- **Erweitertes Beispiel:** Die böse Königin war eifersüchtig auf Schneewittchen. Um ihr Leben zu retten, flüchtete sich Schneewittchen in den Wald. Dort traf sie auf die Zwerge.
- **Detailliertes Beispiel:** Die böse Königin war wegen eines sprechenden Spiegels eifersüchtig auf Schneewittchen. Sie sandte den Jäger aus, um Schneewittchen - das Objekt ihrer Eifersucht - zu töten, aber der Jäger riet Schneewittchen stattdessen, sich in den Wald zu flüchten. Sie streifte durch den Wald, bis sie die Hütte der Zwerge fand und sich dort vollständig in deren Alltagsleben integrierte.

Den Inhalt überarbeiten

Kein Inhalt ist jemals auf Anhieb perfekt. Überprüfen Sie Ihren Inhalt sorgfältig, bevor Sie ihn veröffentlichen. Bei der Überarbeitung des Inhalts prüfen Sie den Text auch auf grammatikalische und strukturelle Probleme. Achten Sie zudem auf Groß- und Kleinschreibung, Rechtschreibung, Interpunktion, Verbformen, Satzstruktur, Absatzlänge, Wortwahl, fehlende Wörter, Klarheit sowie Kontinuität und überprüfen Sie sämtliche Fakten. Schlecht Korrektur gelesene Texte können dafür sorgen, dass Besucher Ihre Seite frühzeitig verlassen.

Wirkungsvolle Lektoratsstrategien umfassen lautes Vorlesen von Inhalten, das Ausdrucken und Lesen von Kopien auf Papier und das Teilen von Inhalten mit Freunden. Es ist auch hilfreich, zwischen der Inhaltserstellung und dem Lektorat einige Stunden oder Tage verstreichen zu lassen.

Richtlinien für Bilddateien

Dateinamen

In Bilddateinamen enthaltene Keywords sind ein bekannter Ranking-Faktor. Dies wird aber nur selten konsequent umgesetzt, da es zugegebenermaßen recht mühsam ist, Hunderte von Dateinamen manuell zu ändern, um wichtige Keywords darin unterzubringen.

Inhalt

Wenn Sie informative, detaillierte und überzeugende Inhalte zur Beschreibung Ihrer Fotos hinzufügen, animieren Sie damit die Suchmaschinen, diese Bildseiten in ihre Ergebnisse aufzunehmen.

Tags

Die Verknüpfung von Fotos mittels dynamischer interner Links hilft den Suchmaschinen, die Beziehung zwischen den Bildern zu verdeutlichen. Auch dies verbessert Ihre SEO.

Diese Methoden, Relevanz zu signalisieren, sind besonders wichtig, wenn Ihre Fotos allesamt ähnliche Informationen enthalten, die für Besucheranfragen von Bedeutung sind.

Abschließende Worte zur Suchmaschinenoptimierung

Okay, jetzt übernehme wieder ich (Roberto). Erscheint es Ihnen als wahre Mammutaufgabe, eine starke Suchmaschinenplatzierung zu erreichen, die richtigen Keywords für Ihr Unternehmen zu finden, den Search Intent zu berücksichtigen und detaillierte und wertvolle Bildunterschriften für Ihre Bilder zu verfassen, damit die Suchmaschinen sie finden können? Ich weiß: Im ersten Moment könnten Sie sich davon überfordert fühlen.

Ich empfehle Ihnen, sich dieser mühsamen Aufgabe täglich 15 Minuten lang zu stellen. Das scheint nicht viel zu sein, aber es summiert sich – und Sie werden überrascht sein, wie viel Sie damit erreichen können. Gehen Sie einen kleinen Schritt nach dem anderen. Wenn Sie diesen Rat befolgen, werden Sie die Nase bei der Suchmaschinenoptimierung weit vorne haben, bevor Sie es überhaupt bemerken.

KAPITEL 3

KUNDENBEWERTUNGEN

»Das Ziel im Auge behalten.« Das sage ich mir immer, wenn es mal ein bisschen schwieriger wird oder wenn ich das Gefühl habe, dass die Nachbearbeitungsanfragen der Kunden aus dem Ruder laufen. Stellen Sie sich Folgendes vor: Sie haben hart gearbeitet, um den Auftrag für die Porträt-Session oder die Hochzeit an Land zu ziehen. Sie haben das Shooting geplant, Sie haben Ihre Akkus geladen, das Shooting durchgeführt, die Bilder ausgewählt und bearbeitet, und nun sind Sie erschöpft. Und genau zu diesem Zeitpunkt beginnen die Kunden manchmal – oder sollte ich lieber sagen: häufig – unangemessene Wünsche zu äußern: »Können Sie bitte auf 300 Fotos meine Taille schmaler machen?« oder »Mir gefällt mein Kinn nicht, könnten Sie es nicht in Photoshop verkleinern?« oder »Sie haben mir 100 Fotos von unserem Shooting gegeben, aber ich würde gerne alle sehen. Könnten Sie mir bitte einen Link zu sämtlichen Fotos schicken, die Sie während unserer Session gemacht haben?«

Selbst wenn Sie beim Fotografieren einen tollen Job gemacht haben, wird ein einziges »Nein, das geht nicht« von Ihrer Seite mit recht hoher Wahrscheinlichkeit alles zunichte machen, was Sie zuvor durch Ihre Arbeit aufgebaut haben – das positive Kundenerlebnis, die gute Kundenbeziehung. Im besten Fall schreibt Ihr Kunde Ihnen gar keine Online-Bewertung, im schlimmsten Fall eine negative. Negative Bewertungen sind verheerend, vor allem in der Dienstleistungsbranche, weil die Konkurrenz hier so groß ist. Wer einen negativen Erfahrungsbericht über Sie liest, wird womöglich sofort abgeschreckt. Lassen Sie sich all Ihre harte Arbeit nicht von einer schlechten Bewertung zunichte machen. Behalten Sie das Ziel im Auge! Tun Sie, was immer nötig ist, um am Ende von Ihren Kunden bei Google oder Yelp eine tolle Bewertung zu erhalten.

Drei wichtige Ziele im Umgang mit Kundenbewertungen

1. So viele Bewertungen bei Google oder Yelp wie möglich bekommen (ich empfehle Google). Je größer die Anzahl der Beurteilungen zum Google-Eintrag Ihres Unternehmens ist, desto stärker wird Ihr Suchmaschinen-Ranking davon profitieren.
2. So viele Fünf-Sterne-Bewertungen wie möglich erhalten. Diese sollten auch eine kurze, aber stichhaltige Erklärung enthalten, warum man Sie so hervorragend bewertet hat.
3. Ihre Begeisterung über die jüngste Fünf-Sterne-Bewertung auf Social-Media-Plattformen teilen.

Wann ist es angemessen, einen Kunden oder Hochzeitsdienstleister um eine Bewertung zu bitten?

Bleiben Sie vernünftig. Wenn Sie vor Abschluss Ihres Auftrags eine Bewertung Ihrer Dienste verlangen, wirkt das schnell opportunistisch und unprofessionell. Warum schreibe ich das? Nun, es kann verlockend sein, um eine Bewertung zu bitten, wenn Sie sich gerade mit Ihrem Kunden auf dem Höhepunkt eines großen Moments befinden. Ihre Kunden werden vielleicht nichts sagen, aber Ihre Anfrage für leicht unprofessionell halten: Wie können sie eine Beurteilung abgeben, wenn Ihre Arbeit noch gar nicht abgeschlossen ist? Das ist, als würde ein Restaurant Sie um eine Bewertung bitten, nachdem der Kellner Ihre Bestellung entgegengenommen hat. Darauf würden Sie sich wohl kaum einlassen, oder? Sie würden über eine derartige Bitte nur lachen.

Der beste Zeitpunkt, um eine Bewertung zu bitten, ist dann, wenn die Begeisterung der Kunden am größten ist und Sie alle vereinbarten Leistungen zu ihrer Zufriedenheit abgeschlossen haben. Mit Begeisterung meine ich die Freude an der Zusammenarbeit mit Ihnen und an den wundervollen Fotoprodukten, die Sie geliefert haben. Ich empfehle, nach vollständigem Abschluss des Projekts noch vier bis sieben Tage abzuwarten. Das ist der beste Zeitpunkt. Die Begeisterung über die gerahmten Fotos oder das Hochzeitsalbum ist immer noch sehr präsent, und die Kunden hatten einige Tage Zeit, sich an den Fotos zu erfreuen und von dem Erlebten zu schwärmen.

Manchmal haben wir viel um die Ohren; die Zeit vergeht rasch. Wenn Sie total vergessen haben, Ihre Kunden um eine Bewertung zu bitten, können Sie dies auch später noch nachholen. Aber wahrscheinlich müssen Sie dann auch einen Preis dafür bezahlen: Die Begeisterung wird nicht mehr annähernd so groß sein wie direkt nach Erhalt der Fotoprodukte. Je länger Sie warten, desto unbequemer wird Ihre Anfrage aus Sicht der Kunden. Die Bewertung ist für Ihr Geschäft aber so wichtig, dass es sich

trotzdem noch lohnt, darum zu bitten. Seien Sie sich dann aber im Klaren darüber, dass die Kunden sich nicht mehr vorrangig mit der Bewertung befassen werden, wenn sie selbst genug um die Ohren haben. Das Timing ist hier entscheidend.

Am Telefon um eine Kundenbewertung bitten

Ich bin der festen Überzeugung, dass man um etwas so Persönliches und Wichtiges wie eine Kundenbewertung am besten in einem angenehmen Telefongespräch bitten sollte. Idealerweise rufen Sie Ihre Kunden dazu innerhalb des genannten vier- bis siebentägigen Zeitfensters an und fragen sie nach den Wandbildern, den gerahmten Fotos oder dem Hochzeitsalbum. Es ist ein netter Höflichkeitsanruf, in dem Sie nachfragen, ob Ihre Kunden zufrieden sind, und freundlich darüber plaudern, wie es ist, die Porträts an der Wand hängen zu sehen oder den Hochzeitstag beim Betrachten des Albums nachzuerleben. Da die Kunden nicht mit diesem Anruf gerechnet haben, bekommen sie das Gefühl, dass Sie sich um sie kümmern, obwohl das Projekt bereits abgeschlossen ist.

Beispiel für eine telefonische Bewertungsanfrage

> *Hallo <Name einfügen>, ich habe mich gefragt, ob es Ihnen etwas ausmachen würde, irgendwann vor <Mittwoch> unter meinem Google-Eintrag eine kurze Bewertung abzugeben? Ich treffe mich ständig mit neuen Interessenten oder Hochzeitsplanern, und je aktueller die Empfehlungen sind, desto einflussreicher sind sie. Ich sende Ihnen per Textnachricht oder E-Mail ein Bild, das zeigt, wo Sie Ihre Rezension hinterlassen können, damit es für Sie ganz einfach ist. Sie können sich dabei gerne kurzfassen. Ich danke Ihnen vielmals! Ich weiß es wirklich zu schätzen, dass Sie sich die Zeit dafür nehmen, weil diese Bewertungen wirklich wichtig für mich sind.*

Warum das funktioniert

»Ich habe mich gefragt«: Sie gehen also nicht fest davon aus und stellen keine Forderungen.

»Eine kurze Bewertung abgeben«: Das Wort »kurz« minimiert den Aufwand und gibt Ihren Kunden das Gefühl, dass sie es in ihrem geschäftigen Alltag hinbekommen werden.

»Unter meinem Google-Eintrag«: Damit wissen Ihre Kunden genau, wo sie die Bewertung hinterlassen sollen.

»Irgendwann vor Mittwoch«: Damit setzen Sie einen Zeitrahmen, bevor die Kunden es auf die lange Bank schieben - und schließlich ganz vergessen. Ich empfehle einen Zeitrahmen von drei Tagen.

»Je aktueller die Empfehlungen sind, desto einflussreicher sind sie«: Damit liefern Sie die dringend benötigte Erklärung, warum Sie überhaupt einen Zeitrahmen für die Fertigstellung der Bewertung setzen. Anderenfalls könnten sich die Kunden von der kurzen Frist bedrängt fühlen.

»Ich sende Ihnen per Textnachricht oder E-Mail ein Bild, das zeigt, wo Sie Ihre Rezension hinterlassen können, damit es für Sie ganz einfach ist.« Damit haben Sie den perfekten Vorwand, den Kunden eine Erinnerung aufs Handy oder in ihr

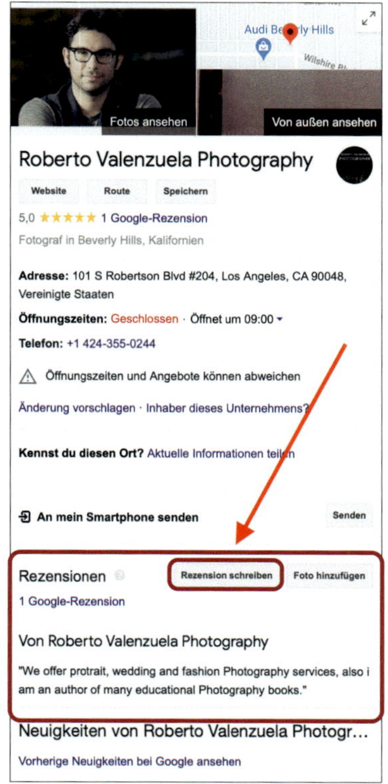

ABBILDUNG 3.1

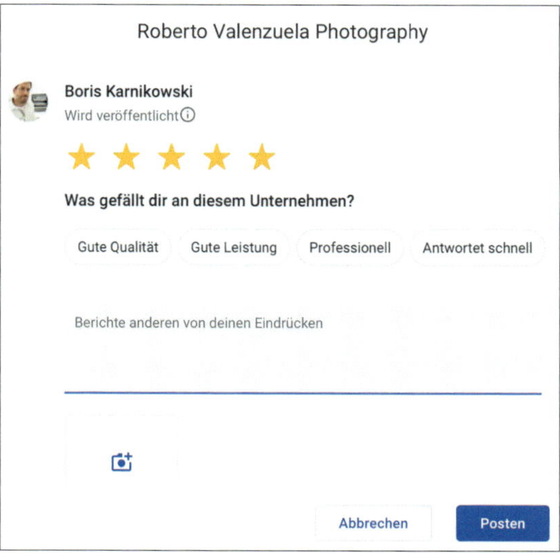

ABBILDUNG 3.2

E-Mail-Postfach zu schicken. Sie rechnen jetzt mit dieser Nachricht (Abbildungen 3.1 und 3.2). Dabei senden Sie den Kunden keine »Erinnerung«, sondern zeigen ihnen, wo sich die Schaltfläche »Rezension schreiben« unter Ihrem Google-Eintrag befindet. Sie machen es ihnen also leichter.

»Sie können sich dabei gerne kurzfassen«: Hiermit erinnern Sie daran, dass Ihnen eine kurze Bewertung völlig genügt. Wenn ein Kunde gerne mit Ihnen gearbeitet hat und sich die Mühe gemacht hat, nach Ihrem Google-Eintrag zu suchen, um eine Bewertung zu schreiben, wird er wahrscheinlich eher eine sehr umfassende Kundenbewertung verfassen.

»Ich danke Ihnen vielmals! Ich weiß es wirklich zu schätzen, dass Sie sich die Zeit dafür nehmen, weil diese Bewertungen wirklich wichtig für mich sind«: Damit zeigen Sie natürlich Ihre Wertschätzung für den Zeitaufwand, geben aber auch einen kleinen Fingerzeig, dass der Text, um den Sie bitten, einen nachhaltigen Einfluss auf Ihr Geschäft hat. Sie sollten niemals direkt um eine Fünf-Sterne-Bewertung bitten - Ihr Kunde wird Ihnen aber eine solche hinterlassen wollen, weil er die Auswirkungen seiner Stellungnahme auf Ihre Geschäftstätigkeit versteht.

Per E-Mail um eine Kundenbewertung bitten

Auch wenn ich es für viel besser halte, eine Bewertung telefonisch zu erbitten, ist dies manchmal einfach nicht praktikabel oder möglich. Heutzutage wird aufgrund von Textnachrichten und E-Mails nicht mehr so viel telefoniert. Der Hauptunterschied zwischen der Anfrage per Telefon und per E-Mail liegt im jeweils gebotenen Grad der Förmlichkeit. In der schriftlichen Kommunikation muss sich Ihr Gegenüber den Tonfall Ihrer Stimme vorstellen - dabei könnten bestimmte Gefühle und Absichten unter den Tisch fallen. Meine Erfahrung mit E-Mails hat mich gelehrt, sehr klar, bescheiden und höflich zu formulieren und direkt auf den Punkt zu kommen.

Auch der Zeitpunkt Ihrer Anfrage ist von Bedeutung. Ich empfehle, E-Mails an Ihre Kunden morgens während der normalen Geschäftszeiten zu versenden. Zu diesem Zeitpunkt haben sie einen klaren Kopf und sind bereit, den Tag in Angriff zu nehmen, wozu hoffentlich auch gehört, Ihnen eine Bewertung zu schreiben. Wenn Sie nachmittags um eine schriftliche Beurteilung bitten, sind die Leute mitten in ihrem Arbeitstag, und Ihre Bitte wird den Eindruck erwecken, als würden Sie ihrer ohnehin schon schwierigen und langen Aufgabenliste noch mehr Arbeit hinzufügen. Nach Feierabend ist wohl der schlechteste Zeitpunkt. Die Kunden haben einen langen Tag hinter sich und sind endlich zu Hause bei ihrer Familie, wo sie sich entspannen und gemeinsam zu Abend essen wollen. Das Letzte, was sie in ihren Handybenachrichtigungen sehen wollen, ist eine neue E-Mail.

Hier ein Beispiel für eine gut geschriebene E-Mail-Anfrage:

Guten Morgen <Name einfügen>!

Ich hoffe, dass Ihnen und <Ehegattenname einfügen> das <Fotoprodukt einfügen> gefällt! Sie können sich bestimmt vorstellen, dass Kundenbewertungen einen großen Einfluss auf potenzielle Neukunden haben, die darüber nachdenken, mich für eine Porträt-Session oder für ihre Hochzeit zu buchen. Wären Sie eventuell bereit, bis <Mittwoch (drei Tage nach dem Tag Ihrer Anfrage)> unter meinem Google-Eintrag eine kurze Bewertung über Ihre Erfahrungen mit mir zu hinterlassen? Bitte beachten Sie, dass die Bewertungen bei Google tatsächlich eingetippt werden müssen und nicht kopiert und eingefügt werden dürfen. Google kann das erkennen und sieht es gar nicht gerne!

Ich möchte Ihnen vorab ein großes DANKESCHÖN sagen. Ich weiß, wie viel Sie zu tun haben, und weiß es daher aufrichtig zu schätzen! Der Einfachheit halber füge ich einen Screenshot meines Google-Eintrags bei, damit Sie genau wissen, wo Sie den Abschnitt »Rezension schreiben« finden.

Nochmals vielen Dank. Ich hoffe, Sie haben einen schönen Tag!

Roberto Valenzuela

Das ist höflich und direkt auf den Punkt gebracht. Es ist wichtig, dass Sie die Bitte um die Bewertung und den Zeitrahmen dafür in dieselbe Frage packen. Ansonsten wirkt es, als würden Sie zu viel verlangen. Scheuen Sie sich nicht davor, um eine Bewertung zu bitten. Die Leute verstehen das. Wenn Sie während des gesamten Projekts gute Arbeit geleistet haben und sicher sind, dass Ihr Kunde mit Ihnen äußerst zufrieden ist, dann fragen Sie ihn. Und noch einmal: Sie sollten niemals um eine Fünf-Sterne-Beurteilung bitten – das muss Ihr Kunde selbst entscheiden. Nach einer Fünf-Sterne-Bewertung zu fragen, wirkt extrem unprofessionell. Tun Sie das nicht.

Einen Anreiz zum Verfassen einer Bewertung schaffen

Seien wir ehrlich, Ihre Kunden sind viel eher bereit, sich die Zeit zu nehmen und Ihnen eine Bewertung zu schreiben, wenn Sie ihnen einen Anreiz dafür bieten. Aber hier ist natürlich Vorsicht geboten. Es soll nicht so wirken, als wollten Sie Ihren Kunden eine Fünf-Sterne-Bewertung abkaufen. Im Geschäftsleben leisten Menschen aber immer dann gute Arbeit, wenn sie richtig motiviert sind. Motivieren Sie deshalb Ihre Kunden.

Wählen Sie ein Upgrade für die von ihnen gekauften Produkte, das Ihnen nur minimalen bis gar keinen Mehraufwand abfordert. Es sollte für Sie so einfach umsetzbar sein wie das Setzen eines Häkchens auf einem Bestellformular. Dieser Anreiz sollte Sie nicht viel kosten. Seien Sie kreativ. Meine Hochzeitsalben lasse ich bei »Graphistudio« drucken.

Diese Firma bietet auch kleine Repliken des Hochzeitsalbums im Taschenbuchformat an. Die sehen wirklich niedlich aus und sind bei meinen Kunden sehr beliebt. Beim Bestellvorgang muss ich einfach nur ein zusätzliches Häkchen auf dem Bestellformular setzen und die Mehrkosten sind äußerst überschaubar. Das ist ein perfektes kleines Produkt, das als Anreiz dienen kann. Meine Porträtkunden bekommen als Zeichen meiner Wertschätzung für ihre Zeit einen extra Fotodruck, den ich selbst erstelle - normalerweise im DIN-A4-Format (21 × 29,7 cm) oder kleiner. Das Foto wird mit einer schönen Präsentation und einem Dankesschreiben an den Kunden verschickt.

Einen Anreiz zur Bewertung zu bieten, heißt nicht, für eine Bewertung zu bezahlen. Es ist einfach eine Geste der Wertschätzung für die Zeit, die Ihr Kunde für das Verfassen der Bewertung braucht. Es ist sehr wichtig, dies auch so darzustellen, damit die Kunden nicht das Gefühl haben, dass Sie sich ihre Bewertung erkaufen - denn das tun Sie nicht. Gegen Ende Ihrer Bitte um ein Referenzschreiben per E-Mail oder Telefon können Sie zum Beispiel formulieren: »Ich weiß, dass Sie viel zu tun haben, und ich respektiere Ihre Zeit aufrichtig. Aus diesem Grund würde ich gerne einen DIN-A4-Abzug eines Ihrer Lieblingsfotos aus unserer Session anfertigen und Ihnen als Zeichen meiner Wertschätzung zusenden.« Ihre Kunden werden diese Geste zu schätzen wissen. Auch wenn sie die Zusammenarbeit mit Ihnen sehr wahrscheinlich genossen haben, holt der betriebsame Alltag sie schnell wieder ein. Es ist eine echte Zusatzaufgabe für sie, sich eine Auszeit von ihrem vollen Terminkalender zu nehmen, um sich mit der Bewertung zu beschäftigen. Aber wenn sie das Gefühl haben, etwas Schönes im Austausch für ihre Zeit zu bekommen, werden sie es auch gerne tun.

So gehen Sie mit negativen Bewertungen um

Nehmen Sie es sich nicht zu sehr zu Herzen, wenn Sie auch einmal negative Kritik erhalten. Irgendwann erwischt es uns alle. Sie können es nicht allen recht machen, und Menschen sind eben Menschen. Es genügt schon, dass Sie eine einzige Sache ablehnen, um die Ihr Kunde Sie gebeten hat, auch wenn die Anfrage noch so unvernünftig war. Schon rächt er sich mit einer leidenschaftlichen negativen Kritik. Ich sage es zwar nur ungern, aber manche Leute empfinden beim Verfassen negativer Kritiken ein ungesundes Gefühl von Macht. Ich habe einmal eine Ein-Sterne-Bewertung für eines meiner Bücher erhalten, weil der Einband beim Versand leicht beschädigt wurde. Der Mann war wütend und fühlte einfach nur den Drang, die durchschnittliche Bewertung meines Buchs nach unten zu drücken - wegen eines Transportschadens, für den weder ich noch mein Verlag etwas konnte. Was soll man da noch machen?

Ein weiteres Beispiel: Bei einer Hochzeit bat mich eine Braut einmal darum, das Foto eines anderen Fotografen exakt nachzustellen, weil es ihr so gut gefallen hatte. Ich sagte ihr freundlich, dass ich mit meiner eigenen Interpretation etwas ganz Ähnliches machen könnte, aber nicht die Arbeit anderer kopiere. (Zudem war der Fotograf, den ich kopieren sollte, ein Freund von mir, der ebenfalls in L.A. lebt.) Als ich das Bild also in meinem eigenen Stil fotografiert hatte, sagte sie mir, dass es ihr sehr gut gefalle. Nachdem ich ihr jedoch alle Alben geliefert und alles erledigt hatte, schrieb sie eine fiese Online-Bewertung. Wenn jemand entschlossen ist, sich an Ihnen zu rächen, werden Sie das nicht ändern können.

Denken Sie daran, dass Menschen nach einer schlechten Erfahrung besonders motiviert sind, eine negative Bewertung zu schreiben. Umgekehrt gilt das nicht: Auch wenn sie die Zeit mit Ihnen genossen haben und Sie sehr schätzen heißt, das nicht automatisch, dass sie Ihnen aus Eigeninitiative eine positive Bewertung schreiben.

Aus Bewertungsmustern lernen

Als Fotografen bewegen wir uns im Dienstleistungssektor. Der Service und die Gesamterfahrung, die wir unseren Kunden bieten, entscheiden über den Erfolg oder Misserfolg unseres Unternehmens. Ich weiß, dass wir als Fotografen viele Dinge selbst in die Hand nehmen müssen - Marketing, Werbematerialien, Vertrieb, Fotografieren, Bildauswahl und Nachbereitung, Buchhaltung ... und die Liste geht immer weiter.

Niemand ist perfekt, aber es lohnt sich, in den Bewertungen über Sie und Ihr Geschäft nach Mustern zu suchen. Wenn Ihre Kunden immer wieder Anstoß daran nehmen, dass Sie für die Lieferung der ersten Probedrucke zu lange brauchen, dann sollten Sie eventuell einen Bildredakteur beauftragen, der diese harte Arbeit für Sie erledigt. Die Mehrkosten für das Delegieren eines Teils der Arbeitsbelastung sind marginal und lohnen sich.

Darüber hinaus leiten sich diese erkennbaren Muster nicht nur aus Kundenmeinungen, sondern auch aus Rückmeldungen von anderen Hochzeitsdienstleistern ab, mit denen Sie zusammenarbeiten. Andere Branchenvertreter sind immer eine großartige Gelegenheit für Zusatzaufträge, also achten Sie darauf, sich auch für sie einzusetzen. Wenn Sie andere in gutem Licht dastehen lassen, werden diese Sie ebenfalls gerne weiterempfehlen.

Sechs Regeln, wie Sie auf negative Bewertungen reagieren

Es kann heikel sein und besonderes Fingerspitzengefühl benötigen, öffentlich auf eine negative Bewertung zu reagieren.

1. Klingen Sie niemals defensiv und geben Sie niemals auch nur andeutungsweise zu verstehen, dass Sie die Schuld auf Ihren Kunden abwälzen. Dann wären Sie ganz schnell am Ende.
2. Veröffentlichen Sie Ihre Antwort möglichst bald nach Erscheinen der negativen Bewertung.
3. Es ist am besten, sich nicht zu direkt mit dem Problem auseinanderzusetzen. Halten Sie Ihre Antwort allgemein und professionell. Etwas in dieser Art würde häufig funktionieren: »Es tut mir aufrichtig leid zu hören, dass Sie dies so sehen. Wir lieben unsere Arbeit sehr und wollen, dass alle unsere Kunden höchst zufrieden sind. Wir haben aus dieser Erfahrung gelernt und werden Maßnahmen ergreifen, um die Kommunikation mit unseren Kunden zu verbessern und Missverständnisse zukünftig zu vermeiden. Gerne besprechen wir dies mit Ihnen persönlich, da uns Ihre Zufriedenheit sehr am Herzen liegt.«
4. Geben Sie Ihren Klienten keine weitere Munition, um Sie öffentlich anzugreifen. Lesen Sie Ihre Antwort nochmals durch und holen Sie sich die Meinung von ein bis zwei weiteren Personen ein, bevor Sie sie veröffentlichen. Verfassen Sie Ihre Antwort immer mit einem kühlen Kopf.
5. Wenn Sie einen guten Draht zu einigen Ihrer Kunden haben, empfehle ich, die negative Bewertung in einer lockeren Unterhaltung mit ihnen anzusprechen. Hoffentlich werden Ihre wohlgesinnten Kunden es auf sich nehmen, Sie zu verteidigen, indem sie ihre tollen Erfahrungen auf demselben Bewertungsportal kundtun. So können potenzielle Kunden die schlechte(n) und die guten Bewertungen alle an einem Ort lesen.
6. Tun Sie alles Nötige, damit sich verärgerte Kunden, die Ihnen eine schlechte Bewertung geben, ernst genommen fühlen. Beheben Sie das Problem. Warten Sie dann einige Wochen und rufen Sie die Kunden an oder schicken Sie eine E-Mail, um nachzufragen, ob sie bereit wären, die schlechte Bewertung zurückzunehmen. Bis dahin haben sich die meisten Leute wieder beruhigt und werden es vielleicht einfach tun. Wenn Sie bei der Behebung des Problems gute Arbeit geleistet haben, werden sie Ihre Bitte verstehen. Es geht schließlich um Ihr Geschäft. Erwecken Sie nicht den Eindruck, als würden Sie die Löschung der Bewertung einfordern. Sie müssen bescheiden und aufrichtig nachfragen, und es muss als Bitte herüberkommen. Verlangen Sie während des Telefongesprächs keine Zusage für die Entfernung der Bewertung. Sagen Sie einfach, dass Sie sehr dankbar wären und es sehr zu schätzen wüssten, wenn die Kunden sich vorstellen könnten, die Bewertung zu löschen.

KAPITEL 4

LIVE-STREAMING AUF YOUTUBE UND FACEBOOK

Bleiben Sie immer neugierig, behalten Sie stets ein gesundes Maß an Zweifeln in Bezug auf Ihr zukünftiges Geschäft und delegieren Sie alle Arbeiten, die Sie ausbremsen. Wenn Sie schon eine Weile im Geschäft sind, erinnern Sie sich bestimmt daran, wie erfolgshungrig und motiviert Sie waren, Ihr Unternehmen zu starten und alle in der Stadt wissen zu lassen, dass Sie sich dem Wettbewerb stellen werden, richtig? So ging es zumindest mir.

Aber aus irgendeinem Grund werden Sie zunehmend Opfer Ihres eigenen Erfolgs, je erfolgreicher Sie werden. Sie beginnen, neue Aufträge als selbstverständlich zu betrachten, und verlieren das Gefühl für die Dringlichkeit, neue Geschäftskontakte zu knüpfen. Das Geschäft kommt in Schwung, und Sie haben plötzlich alle Hände voll zu tun – Fotografieren, Bilder aussortieren, Tausende von Bildern bearbeiten, Fotobücher entwerfen und Bestellungen verschicken. Da Sie nun die Aufgaben mehrerer Personen erledigen, hören Sie allmählich auf, an den Networking-Veranstaltungen der Branche teilzunehmen. Und ehe Sie sich's versehen, hört das Telefon auf zu klingeln und der Niedergang des Geschäfts, von dem Sie einst so begeistert waren, beginnt.

Kommt Ihnen dieses Szenario bekannt vor? Eine sehr häufig übersehene Strategie ist es, Arbeit an andere zu delegieren, sodass wir Zeit haben, unser Geschäft voranzubringen und neue Aufträge anzunehmen. Dieses Problem haben wir alle, auch ich selbst. Die Kosten für das Delegieren sollten in Ihren Angeboten eingepreist sein. Wenn Sie keine Aufgaben abgeben, können Sie nie wirklich wachsen. (Weitere Informationen zum Delegieren finden Sie in Kapitel 10).

YouTube und Facebook Live

Seien wir ehrlich: Die Zeiten haben sich geändert, und wir müssen (und sollten) uns ebenfalls ändern. Daran führt kein Weg vorbei, und es hat auch keinen Sinn, dagegen anzukämpfen. Die Veränderungen, die das digitale Marketing mit sich gebracht hat, gehen nicht wieder weg. Noch vor zehn Jahren konnte man für eine Anzeige in einer Zeitschrift seiner Wahl bezahlen und brauchte dann nur noch darauf zu warten, dass das Telefon klingelte. Auch wenn es vielleicht nicht ganz so einfach war - aber die traditionelle Printwerbung war ein guter Weg, um Kunden zu gewinnen. Dann verlagerte sich alles auf Blogs und webbasierte Werbung, und jetzt reicht selbst das nicht mehr aus - die Leute wollen mehr.

Wir leben in einer Welt der sozialen Medien, in der es keine Privatsphäre gibt. Was bedeutet das für Sie und Ihr Unternehmen? Es bedeutet, dass potenzielle Kunden eine ganze Menge über Ihr wahres Ich wissen wollen, bevor sie Sie überhaupt kennenlernen. Es muss eine Verbindung zwischen Ihnen und Ihren potenziellen Kunden bestehen, und Sie müssen diese Verbindung herstellen. Eine effektive Möglichkeit dafür sind Live-Übertragungen via YouTube und Facebook Live.

YouTube- und Facebook-Streaming mit Live-Atmosphäre

Wählen Sie einen zwanglosen, gut beleuchteten Raum

Machen Sie es nicht zu kompliziert. Ein großes Fenster an einem sonnigen Tag sorgt für perfektes Licht. Auch wenn Live-Streamings ungestellt und unmittelbar wirken sollen, werden die Menschen unbewusst von der Qualität des Lichts in Ihrem Setting beeinflusst. Würden Sie zum Beispiel jemanden in der Fotografiebranche ernst nehmen, der von einer einzigen Taschenlampe unter dem Kinn beleuchtet wird, wie im Film *The Blair Witch Project*? Wohl kaum. Suchen Sie sich ein großes, weiches Licht für Ihr Gesicht. Das wirkt immer freundlich und einladend. Und seien Sie vorsichtig mit dominanten Oberlichtern, denn sie erzeugen den berüchtigten »Waschbärenaugen«-Look, der nicht gerade schmeichelhaft ist. Sie brauchen eine große, weiche Lichtquelle, die sich vor Ihrem Gesicht befindet, damit das Licht Ihre Augenhöhlen vollständig füllt. Sehen wir uns einige Beispiele an (Abbildungen 4.1–4.5).

ABBILDUNG 4.1 Hier sehen Sie eine typische Einrichtung, wie sie die meisten Menschen zu Hause, im Büro oder im Studio haben. Es ist der Aufenthaltsraum meines Fotostudios in Los Angeles. Es gibt ein Fenster in geeigneter Größe, das sich für ein minimalistisches, gut beleuchtetes Setup ideal eignet.

ABBILDUNG 4.2 Auch wenn der Aufbau ansonsten gut ist, sollten Sie in Livestreams oder Videokonferenzen niemals im Gegenlicht sitzen. Sie wirken dadurch nicht nur viel dunkler als das Fenster, sondern auch das Fenster selbst lenkt stark ab.

ABBILDUNG 4.3 In diesem Beispiel dient das Fenster als einzige Lichtquelle. Wie Sie sehen, werden sowohl der Hintergrund als auch ich mit fast der gleichen Intensität beleuchtet. Wenn Sie sich etwas vom Hintergrund abheben möchten, benötigen Sie eine LED-Beleuchtung mit einem weichen Lichtformer, um ein schmeichelhaftes Licht mit weichen Schatten auf Ihrem Gesicht zu erhalten.

ABBILDUNG 4.4 Bei diesem Setup ist eine Lichtquelle nur auf mich gerichtet, während das Fensterlicht alles Übrige im Bild beleuchtet.

ABBILDUNG 4.5 Dies ist das Ergebnis der Kombination eines schönen großen Fensters mit einer LED-Leuchte und einem Lichtformer. Bei diesem Aufbau können Sie selbst festlegen, wie hell oder dunkel der Hintergrund im Vergleich zu Ihnen erscheinen soll. Mit anderen Worten: Sie können entscheiden, wie stark Sie sich vom Hintergrund abheben möchten.

Kleiden Sie sich leger, aber professionell

Es gibt nichts Schlimmeres, als jemandem zuzuschauen, der sich zuviel Mühe gibt. Sie sollten gut gekleidet sein, aber dennoch lässig wirken. Das ist ganz einfach. Tragen Sie eine schöne Jeans mit passendem Hemd, Pullover, passender Weste oder Jacke. Kleiden Sie sich einfach, aber vergessen Sie nicht, dass die Leute Sie anhand Ihrer Kleidung beurteilen werden. Achten Sie darauf, dass Ihre Kleidungsstücke miteinander harmonieren.

Der Zweck Ihrer Videos oder Live-Sitzungen

Beachten Sie, dass die folgenden vier Empfehlungen an Ihre Geschäftskategorie – in diesem Fall an die Hochzeits- und Porträtfotografie – angepasst werden müssen.

Erzählen Sie etwas über Ihre Arbeitsabläufe, Ihre Techniken oder erzählen Sie eine relevante Geschichte

Wir alle lieben es, Einblicke in die Denkprozesse anderer zu bekommen – wir sind sogar absolut fasziniert davon. Das ist ähnlich wie bei Unboxing-Videos: Es ist ein ungelöstes Rätsel, warum wir anderen Leuten so gerne beim Auspacken von Produkten zusehen. Aber die Menschen wollen wissen, was, wie und warum Sie fotografieren und wie Sie beim Posing vorgehen. Das lässt sie einen Einblick in Ihren kreativen Prozess gewinnen, und sie werden daran teilhaben wollen.

Ein hervorragendes Beispiel für etwas, das Sie mit anderen teilen können, wäre die Auswahl des Layouts und der Rahmen für eine Reihe Fotos, die Sie gerade an einen Kunden verkauft haben. Warum haben Sie entschieden, dass die Serie aus drei oder aus fünf Fotos bestehen soll? Welche Absichten haben Sie während des Shootings verfolgt? Warum haben Sie mehrere Fotos gemeinsam gerahmt und nicht jedes Bild einzeln? Wenn Sie in der Hochzeitsbranche tätig sind, könnten Sie auch zeigen, wie Sie eine Gruppe von Fotos auswählen, die sich für ein gemeinsames Layout eignen. Die Zuschauer wollen sehen, wie Sie das machen. Für Sie mag es langweilig erscheinen, aber für einen potenziellen Kunden ist es sehr interessant.

Wenn es um Arbeitstechniken geht, ist jeder Fotograf ganz anders. Noch mehr interessiert einen potenziellen Kunden der Grund, warum Sie diese Techniken entwickelt haben. Bedenken Sie: Es ist zwar interessant, die Technik selbst zu sehen, aber das eigentlich Faszinierende ist das »Warum« dahinter. Wenn ich zum Beispiel Porträts mit Fensterlicht fotografiere, helle ich die dunkle Gesichtshälfte sehr gerne mit einem Blitz auf, den ich an die gegenüberliegende Wand werfe. In Ihrem Video könnten Sie das so aufschlüsseln wie im folgenden Kasten erläutert.

So teilen Sie Arbeitstechniken auf YouTube oder Facebook Live

Beschreiben Sie die Technik: Zusätzliches Aufhelllicht mittels Blitz in einem Fensterlicht-Porträt

Diskutieren Sie den Grund für die Technik (das »Warum«): Porträts mit Fensterlicht tauchen die zum Fenster gewandte Gesichtshälfte in schmeichelhaftes, weiches Licht. Die andere Gesichtshälfte ist im Vergleich dazu jedoch meist sehr dunkel. Um das zu vermeiden, positioniere ich einen externen Blitz auf einem Möbelstück und richte ihn auf die Wand, die dem Motiv gegenüberliegt. Wenn der Blitz auf die Wand trifft, wirft diese ein schönes, weiches Licht auf die dunkle Gesichtshälfte der Porträtierten zurück. Die Menge des Aufhelllichts, das das Gesicht beleuchtet, kann ich leicht steuern, indem ich die Leistung des Blitzes nach oben oder unten regele.

Ein solches Video bietet nicht nur einen Einblick in Ihre Techniken. Ihre Kunden nehmen Sie auch als einen Experten auf Ihrem Gebiet wahr. Das schafft Vertauen, und Sie überzeugen potenzielle Kunden von sich und Ihrer Arbeitsweise, bevor sie Sie überhaupt kennenlernen.

Sie könnten auch eine Geschichte über ein Bild erzählen, das Sie kürzlich fotografiert haben. Erklären Sie, was Sie daran so fasziniert hat. Wenn Menschen Geschichten hören, stellen sie sich vor, wie sich die Geschichte abspielt, oder sie malen sie sich in Gedanken aus – natürlich nur, wenn sie die Geschichte interessant finden. Wählen Sie also eine Geschichte, die positiv, reizvoll oder interessant zu erzählen ist. Wenn Ihre Geschichte einen potenziellen Kunden anspricht, dann baut er sich gedanklich in diese Geschichte ein. Und genau das wollen Sie! Der folgende Kasten schildert ein Beispiel.

Beispiel für Storytelling auf YouTube oder Facebook Live

Beginnen Sie mit einem interessanten Aufhänger - die Aufmerksamkeitsspanne Ihrer Zuschauer ist häufig sehr kurz. Beginnen Sie Ihr Video also mit einer Art Köder, der die Aufmerksamkeit des Publikums erregt und den Wunsch weckt, mehr zu sehen. Wenn Sie die Geschichte ohne Aufhänger starten, verlieren die meisten Menschen schnell die Geduld und klicken weg. Mit dem Aufhänger erhalten Ihre Zuschauer etwas, worauf sie sich freuen können. Das beste Beispiel dafür sind meiner Ansicht nach Kochvideos auf YouTube. Das Video beginnt immer mit einem gut ausgeleuchteten, wunderschönen Foto oder Video von dem fertigen, leckeren Gericht, dessen Zubereitung im Anschluss erklärt wird. Das ist der Aufhänger! Jetzt sind die Menschen gespannt, möchten das Video anschauen und alle Anweisungen exakt befolgen, damit ihr Gericht genauso gelingt wie im Video. Fragen Sie sich selbst: Wären Sie genauso begeistert, sich das Video anzusehen, wenn Sie nicht zuerst das köstliche Endergebnis gesehen hätten? Also, zurück zu meiner Analogie: Das Video oder Foto des fertigen Gerichts ist der Aufhänger, und die Schritt-für-Schritt-Anleitung für die Zubereitung dieses Gerichts ist die Geschichte. Nachdem Sie den Aufhänger haben, ist es an der Zeit, Ihre Geschichte zu erzählen. Da diese Videos ja Ihr Geschäft fördern sollen, sollte Ihre Geschichte positiv, ansprechend oder interessant sein.

Bieten Sie eine positive, emotionale oder interessante Geschichte:

Positive Geschichte: Bleiben Sie bei positiven Berichten. Deprimierende Geschichten ziehen keine Menschen an. Natürlich gibt es auch gute traurige Geschichten, aber es lohnt sich nicht, für Ihr Unternehmensimage ein Risiko einzugehen. Deshalb ist es am besten, fröhliche und positive Geschichten zu erzählen. Diese sind für Ihr Unternehmen viel besser. Darum schneiden Hollywood-Filme mit Happy End an den Kinokassen auch besser ab.

Emotionale Geschichte: Menschen lieben rührende Geschichten. Ein herzerwärmender Clip könnte einen besonderen Moment zwischen einer Braut und ihrem Vater darstellen. Bei einer Porträtaufnahme ist vielleicht etwas Anrührendes oder Herzliches passiert. Eine Geschichte, die Ihr Publikum auf positive Weise berührt, ist immer ein Gewinn!

Interessante Geschichte: Das ist natürlich sehr subjektiv, denn wer wollte beurteilen, was interessant ist? Denken Sie daran, dass es um Sie und Ihre Darstellung als Profifotograf geht. Wenn Sie selbst die Geschichte interessant finden, dann haben Sie recht gute Chancen, dass sich auch Ihr Publikum dafür interessiert. Und - wie gesagt - alles sollte einen positiven Grundton behalten.

Wenn Sie nun eine Reihe möglicher Geschichten haben, die Sie auf Facebook Live oder YouTube streamen können, beginnen Sie damit, sich Ihr Publikum aufzubauen. Allerdings müssen Sie sich dieser Aufgabe verpflichtet fühlen. Eine regelmäßige Veröffentlichungsfrequenz Ihrer Videos ist das A und O.

Was Sie im Video nicht tun sollten (das sollte eigentlich ganz klar sein, aber man weiß ja nie) – halten Sie sich an die folgenden Regeln: Bevor Sie sich für eine Geschichte entscheiden, die Sie mit der Welt teilen möchten, stellen Sie sicher, dass Sie gegebenenfalls die Erlaubnis aller weiteren daran beteiligten Personen eingeholt haben. Sprechen Sie nicht über Privatangelegenheiten oder die Marotten Ihrer Kunden. Ihre Geschichten sollten Ihren potenziellen Kunden auf keinen Fall den Eindruck vermitteln, dass Sie im Falle eines Auftrags Dinge über sie ausplaudern könnten, die sie kränken, verlegen machen oder bloßstellen könnten oder durch die ihre Privatsphäre verletzt würde. Seien Sie vorsichtig! Wenn Sie in Ihrer Geschichte einen Kunden erwähnen möchten, fragen Sie lieber zuerst um Erlaubnis. Ein Fehler an dieser Stelle könnte sich nachteilig auf Ihr Geschäft auswirken.

Ein Live-Shooting zeigen

Das ist das Herzstück des Videomarketings. Ein Live-Shooting ist sehr unmittelbar, also achten Sie darauf, dass der ausgewählte Kunde nicht nur davon begeistert ist, fotografiert zu werden, sondern dass auch die Chemie zwischen Ihnen stimmt. Außerdem empfehle ich Ihnen, sich kurz zu fassen. Schließlich sollten Ihre Zuschauer während des Shootings keinen Leerlauf sehen.

Warum ist eine live übertragene Fotosession ein so starkes Marketinginstrument? Wenn potenzielle Kunden sich in einen solchen Stream einklinken, können sie sich genau vorstellen, wie es wäre, wenn sie selbst ein Shooting bei Ihnen hätten. Bei einem Live-Shooting gibt es keinen Schnitt und keine Retusche. Er ist authentisch und real. So können Sie einige Bedenken zerstreuen, die die Interessenten möglicherweise davon abhalten, einen professionellen Fotografen zu beauftragen statt ihren Freund von nebenan, der »einfach nur ein bisschen fotografiert«.

Planung und Durchführung Ihrer Live-Session

Überlegen Sie, welchen Teil des Shootings Sie zeigen möchten. Denken Sie daran, dass Sie professionell wirken sollten. Bei Kinderporträts sollten Sie eventuell abwarten, bis das Kind gut gelaunt und kooperativ ist.

Sobald Sie entscheiden, dass es Zeit ist, auf Sendung zu gehen, stellen Sie sich kurz vor und erklären, was Sie vorhaben. Damit wecken Sie Erwartungen bei Ihren Zuschauern. Diese kennen nun das Ziel und werden Zeuge Ihrer faszinierenden Arbeitsweise, mit der Sie dieses Ziel erreichen.

Halten Sie das Live-Shooting kurz. Es ist besser, wenn das Publikum gerne noch mehr gesehen hätte, als wenn es irgendwann beginnt, sich zu langweilen.

Fassen Sie abschließend kurz zusammen, was Sie erreichen wollten, bedanken Sie sich fürs Zuschauen und erwähnen Sie, dass die Zuschauer Ihrer Facebook-Gruppe beitreten oder Ihren YouTube-Kanal abonnieren können, um weitere Videos dieser Art zu sehen, falls es ihnen gefallen hat. Das ist eine nette Art, sie zur Teilnahme einzuladen, ohne dabei plump oder aufdringlich zu wirken.

Die Location für die Live-Übertragung

Ihr Auftritt: Wie gesagt, Live-Sessions sollen ungestellt wirken, aber verlieren Sie dabei nicht das Geschäft aus den Augen. Sie sollten durchaus ein natürliches und spontanes Shooting zeigen, ja – aber Sie müssen dabei auch ein professionelles Bild abgeben. Alles, was Sie machen, hat Einfluss darauf, wie das Publikum Sie als professionellen Fotografen wahrnimmt. Achten Sie darauf, dass Sie vorzeigbar und professionell wirken, auch wenn Sie ohne Skript arbeiten. Sie brauchen es nicht zu übertreiben – ein sauberes, einfaches und gut gebügeltes Hemd genügt völlig. Das klingt selbstverständlich, aber ich habe schon viele YouTuber gesehen, die in ihren Videos mit Schweißflecken unter den Armen auftraten. Auch wenn das ganz natürlich ist – es ist schlechter Stil und das Publikum will so etwas nicht sehen. Wählen Sie auf jeden Fall Kleidung, die vor der Kamera keine Schweißflecken erkennbar macht.

Ihr Standort: Wählen Sie für Ihre Live-Streams einen Ort, an dem der Fokus auf Ihrer Arbeit liegt. Wenn Sie Kinder oder Haustiere haben, ist es wohl am besten, wenn diese nicht plötzlich im Bild auftauchen. Das lenkt einfach nur von Ihren Inhalten ab. Klar, das ist total niedlich, aber es lenkt trotzdem ab. Nach Möglichkeit sollte es ruhig sein, damit man Sie gut hören kann. Erinnern Sie sich daran, wie Sie zuletzt mit jemandem telefoniert haben, der gerade abspülte, auf dem Laufband trainierte oder ein Paket auspackte, und wie Sie bei all dem Lärm weder ihn noch sich selbst hören konnten? Das ist keine angenehme Erfahrung, oder? Verhindern Sie also, dass Ihren potenziellen Kunden oder Zuschauern dasselbe passiert.

Geben Sie Ihren Kunden nützliche Ratschläge zu einem wichtigen Thema

Das ist wichtig. Ein Live-Video zeigt Sie als Experten auf Ihrem Gebiet, und wer möchte nicht einen Experten engagieren? Behandeln Sie das Thema kurz und knackig. Als Hochzeitsfotograf könnten Sie z. B. ein kurzes Video drehen, in dem Sie die angehenden Bräute davor warnen, welchen Effekt farbige Partylichter beim abschließenden Tanz haben können. Die Gesichter vieler Gäste erscheinen dann grün, rot oder andersfarbig, und das kann für Sie als Fotograf ein echtes Problem sein. Ein weiteres gutes »Beratungsvideo« könnte davon handeln, zu welcher Tageszeit die Trauungszeremonie aus fotografischer Sicht stattfinden sollte. Eine Trauung bei Sonnenuntergang bedeutet zum Beispiel, dass es nach der Zeremonie für Familienfotos im Freien, Fotos von der Hochzeitsgesellschaft oder dem Paar kein Tageslicht mehr gibt. Die meisten Bräute denken nicht darüber nach, und die meisten Hochzeitsveranstalter erwähnen es nicht, weil ihnen die Fotos wirklich egal sind. Sie wollen nur die Location bestmöglich präsentieren, mit zauberhaften Sonnenuntergangsfotos von der Zeremonie. Wie romantisch! - aber eine Katastrophe für die Bilder, die Sie im Anschluss fotografieren wollen.

Wenn Sie Familienporträts fotografieren, könnten Sie ein Video über die passende Kleidung für das Familienfoto machen. Die meisten Familien wollen für alle genau das

gleiche Outfit kaufen, aber das muss nicht unbedingt gut aussehen. Sie könnten erklären, dass es optisch viel besser wirkt, aufeinander abgestimmte Kleidung zu tragen, als wenn alle Beteiligten identisch aussehen.

Notieren Sie in Gedanken alle Probleme, die bei den Aufnahmen auftreten können. Viele dieser Informationen können zu tollen Ratgebervideos werden, die Ihren zukünftigen Kunden einen Mehrwert bieten.

Laden Sie Ihre Kunden ein, ein Shooting zu buchen, ein Produkt zu kaufen, sich anzumelden oder Ihnen in den sozialen Medien zu folgen

Jetzt ist es Zeit, die Früchte Ihrer Arbeit zu ernten. Es ist ein Geben und Nehmen. Sie haben den Zuschauern viele Ratschläge gegeben, Ihre Methoden vorgestellt und ihnen erlaubt, einem Live-Shooting beizuwohnen. Also ist es jetzt an der Zeit, auch zu »nehmen«.

Damit Sie Ihren YouTube-Kanal um weitere potenzielle Kunden erweitern können, müssen Sie diese einladen, ihn zu abonnieren, damit sie weitere Live-Shootings sehen, hilfreiche Tipps zu wichtigen Fotothemen erhalten oder mehr über Ihre Arbeitsweise und -techniken erfahren können. Die Formulierung »Folgen Sie gerne meinem Kanal«

klingt dabei viel einladender als »Abonnieren Sie meinen Kanal«. Das Wort »abonnieren« klingt eher nach Verpflichtung. Nachdem Sie die Zuschauer dazu eingeladen haben, sollten Sie ihnen sagen, welchen Mehrwert ihnen die Inhalte auf Ihrem Kanal bieten werden - zum Beispiel alles, was ich gerade erläutert habe. Diese Vorgehensweise gilt auch für Ihre geschäftlichen Facebook-Seiten. Erleichtern Sie dem Publikum schließlich die Anmeldung, indem Sie zeigen, wo sich der Anmelde-Button befindet. Erläutern Sie auch, wie man Ihre geschäftliche Facebook-Seite verlinken kann, um Ihre Videos mit anderen zu teilen.

Informieren Sie Ihre Zuschauer und laden Sie sie zu Mini-Familien- oder Mini-Babyporträt-Sessions ein, die Sie zu bestimmten Terminen abhalten. Und am wichtigsten: Begrenzen Sie die Anzahl Ihrer frei verfügbaren Termine. Das erzeugt Dringlichkeit und wirkt als Handlungsanreiz. Weisen Sie darauf hin, dass es nach Ausbuchung der Termine eine Warteliste für alle geben wird, die benachrichtigt werden möchten, sobald neue Termine verfügbar sind. Eine Warteliste lässt Sie sehr beschäftigt wirken und potenzielle Kunden schätzen sich glücklich, wenn Sie ihnen am Telefon mitteilen, dass ein Platz frei geworden ist. Ob sie vielleicht einspringen möchten? - Aber ja doch!

Ein Hinweis zur Ausrüstung

Für den Privatgebrauch bieten aktuelle Smartphones Ihrem Publikum durchaus eine vernünftige Live-Qualität. Im Notfall genügt also ein Smartphone. Wenn Sie aber nach Videostreaming-Ausrüstung suchen, gibt es eine Vielzahl von Optionen.

ABBILDUNG 4.6

Ich empfehle die folgende Liste. Sie mag selbstverständlich erscheinen, aber Sie wären überrascht, wie viele Kleinunternehmer auf zusätzliche Ausrüstung verzichten, obwohl diese ihren Zuschauern eine deutlich bessere Live-Qualität bieten würde. Da Sie sich die Zeit nehmen, dieses Buch zu lesen, gehe ich jedoch davon aus, dass Sie es mit Ihrem Geschäft ernst meinen. Sie werden sich von Mitbewerbern abheben, wenn Ihre Live-Sessions professionell wirken und Ihren Zuschauern Spaß machen. Dafür brauchen Sie wirklich nicht viel Ausrüstung (siehe Abbildung 4.6).

Unverzichtbare Ausrüstung

Stativ: Ein leichtes Stativ oder GorillaPod, entsprechend dem Gewicht Ihrer Ausrüstung.

Mikrofon: Ein Mikrofon zum Anschluss an Ihr Smartphone oder Ihre Kamera. Mit einem hochwertigen Ansteckmikrofon, beispielsweise von Rode oder Sennheiser, erzielen Sie viel klarere Ergebnisse. Schlechter Ton ruiniert die gesamte Live-Session. Unterschätzen Sie nicht die Bedeutung eines guten, sauberen Klangs. Wenn Ihr Budget knapp ist, sollten Sie lieber mehr in ein gutes Mikro investieren als in eine gute Kamera.

LED-Leuchten: Nutzen Sie LED-Leuchtpaneele, um möglichst viel Licht in Innenräume zu bekommen. Es gibt viele preiswerte und gute LED-Beleuchtungsprodukte. Zwar steht der Ton bei Videos an erster Stelle, aber eine gute Beleuchtung ist das zweitwichtigste Element. Achten Sie beim Kauf darauf, dass die Leuchten mit Softboxen oder einem anderen Diffusor geliefert werden, um das harte LED-Licht zu streuen.

Stativkopf mit automatischer Nachführung: Wenn Sie allein arbeiten, könnten Sie in einen motorbetriebenen Stativkopf mit automatischer Nachführung investieren. Wenn Sie ihn so eingestellt haben, dass er Ihnen folgt, muss Ihnen keine weitere Person assistieren. Diese Technik hat ihre Grenzen, eignet sich aber dennoch hervorragend, wenn Sie die Live-Übertragung alleine meistern müssen.

Web-Broadcasting-Ausrüstung von Blackmagic: Wenn Sie es extravagant mögen, können Sie eines dieser Geräte kaufen und dann anstelle Ihres Smartphones eine normale Spiegelreflex- oder professionelle spiegellose Kamera verwenden. So können Sie in hervorragender Qualität und Schärfe übertragen. Der *Blackmagic Web Presenter* ist ein einfaches, aber leistungsstarkes Hilfsmittel. Viele Firmen stellen solche Geräte her, aber das von Blackmagic kenne ich gut und benutze es für Übertragungen aus meinem Studio.

KAPITEL 5

DAS WIRKUNGSVOLLE WERBEVIDEO

Wie ich bereits sagte, wollen Kunden eine positive Verbindung fühlen, wenn sie einen Fotografen engagieren. Das gilt insbesondere beim Fotografieren persönlicher Situationen. Wer einen Fotografen beauftragt, lädt diesen in sein Leben ein – in sein Zuhause und das seiner Kinder, zu seinen Hochzeiten, zu den Familienstreitigkeiten, in sein Liebesleben. Die Beziehung zwischen dem Fotografen und seinen Kunden ist sehr intim und persönlich, und Ihr Umgang damit ist mindestens ebenso wichtig wie Ihr fotografisches Können. Sie könnten der beste Fotograf weit und breit sein, aber wenn Sie arrogant sind oder keine Beziehung zu Ihren potenziellen Kunden aufbauen können, erledigen diese den Job lieber selbst, anstatt Sie zu engagieren.

Ein Werbevideo vermittelt den Menschen einen Eindruck davon, wer Sie sind und was Sie antreibt. Wenn Ihre Kunden die Wahl haben, etwas über Sie zu lesen oder ein Video über Sie anzusehen, werden sie sich mit überwältigender Mehrheit für das Video entscheiden. Also sorgen Sie dafür, dass es interessant ist! Ich habe viele Werbevideos gesehen, in denen die Fotografen zu bemüht sind und sich übertrieben fröhlich und künstlich verhalten. In anderen Werbevideos sprechen die Fotografen nur über sich und ihr Geschäft und scheuen selbst vor Vergleichen mit der Konkurrenz nicht zurück. Das ist einfach schlechter Stil. Es gibt andere Möglichkeiten, Ihr Werbevideo wirksam und spannend zu gestalten. Das Ziel dabei ist immer, aus passiven Zuschauern buchungsfreudige Kunden zu machen.

Nicht alle Arten von Werbevideos eignen sich für Fotografen

Sie haben wahrscheinlich schon jede Menge Werbevideos gesehen, die in Ihnen bestimmte Gefühle oder Reaktionen auslösen sollten. Es gibt Videos im Stil von Erfahrungsberichten, Anleitungen, Präsentationen usw. Sie alle können für ihren jeweiligen Zweck eine sehr gute Wahl sein. Für etwas so Persönliches wie die Porträt- und Hochzeitsfotografie ist allerdings meiner Meinung nach ein Werbevideo im Erzählstil am wirkungsvollsten. Fangen wir gleich an!

Die Anatomie eines großartigen Werbevideos im Erzählstil

Ihr Werbevideo im Erzählstil handelt von Ihrem Werdegang. Es erklärt, was Sie motiviert hat, sich selbstständig zu machen, welche Kräfte Sie angetrieben haben und wie Sie Ihr Unternehmen jetzt führen. Es gibt zwar viele Möglichkeiten, dies umzusetzen, aber im Folgenden biete ich Ihnen einen Leitfaden, der Ihnen den Einstieg erleichtern soll. Ich empfehle Ihnen, das Ganze selbst in die Hand zu nehmen, sodass das Video wirklich von Ihrer eigenen Reise handelt.

ABBILDUNG 5.1 Dies ist ein Standbild aus meinem Werbevideo, das freundlicherweise von Canon USA für mich produziert wurde. Hier sehen Sie mich »hinter den Kulissen« bei etwas, das mit meiner Arbeit als Fotograf zu tun hat.

ABBILDUNG 5.2 Im Interviewteil des Werbevideos erzähle ich eine Geschichte, zu der zwischendurch immer wieder passendes Filmmaterial eingeblendet wird.

Die fünf Schritte zu einem erfolgreichen Werbevideo im Erzählstil

1. Beginnen Sie mit einer fesselnden Szene.
2. Sprechen Sie darüber, was Sie motiviert hat, Ihre Reise anzutreten.
3. Bringen Sie Konflikte und Herausforderungen mit ein.
4. Bieten Sie Konfliktlösungen an.
5. Erläutern Sie Ihre aktuelle Motivation.

Fesselnde Eröffnungsszene

Am Anfang des Videos sollte eine kurze Szene stehen, die Sie selbst bei einer Aktivität zeigt: Sie interagieren in einem Fotoshooting mit Ihren Kunden, geben Posing-Anleitungen usw. Sie sollten dabei selbstbewusst, aber freundlich wirken. Vielleicht lachen Sie während der Aufnahmen oder bei den Vorbereitungen mit Ihren Kunden. Diese Szene sollte kürzer als zehn Sekunden sein. Sie ist nur ein Vorgeschmack auf das Kommende – ein Aufhänger, damit die Zuschauer dranbleiben.

Was hat Sie motiviert, Ihre Reise anzutreten?

Wechseln Sie als Nächstes zum Interview-Stil. Sie erklären, warum Sie sich für die Porträtfotografie entschieden haben. Was hat Sie dazu inspiriert, alles hinter sich zu lassen und sich mit Vollgas auf das Fotografendasein einzulassen? War es ein bestimmtes Erlebnis oder hat Sie ein bestimmter Mensch dazu angeregt? Dieser Aspekt ist sehr wichtig, denn er gibt einen tieferen Einblick in Ihre Persönlichkeit.

Ein persönliches Beispiel wäre, warum ich immer ein besonderes Verhältnis zum Vater der Braut oder des Bräutigams pflege. Ich schenke ihnen mehr Aufmerksamkeit und versuche, sie so zu fotografieren, wie sie gerne in Erinnerung bleiben möchten. Oft werde ich gefragt, warum mir die Väter des Brautpaars so wichtig sind. Der Grund dafür ist, dass mein eigener Vater kurz vor meiner eigenen Hochzeit starb. Bei unserer Trauung stellten wir in der ersten Reihe einen leeren Stuhl für ihn auf. Ich meine, dieser Verlust erklärt meine Gefühle ganz gut.

Vielleicht ein etwas erbaulicheres Beispiel – meine unbeschreibliche Leidenschaft für das Fotografieren von Hochzeitspaaren rührt daher, dass es für mich so unglaublich schwierig war, meine Frau Kim zur Heirat zu bewegen. Die Umstände sprachen in fast jeder Hinsicht gegen mich. Kim fand mich zum Beispiel nicht besonders attraktiv. Über vier Jahre hinweg habe ich sie mehr als 200-mal um eine Verabredung gebeten, bevor sie nur einem einzigen Date zustimmte! Der Weg von der fast ein halbes Jahrzehnt lang andauernden Ablehnung bis zum »Ich will!« bei unserer Hochzeitszeremonie war eine erstaunliche Geschichte. Das ist der Grund dafür, dass ich so gerne Hochzeiten fotografiere!

Gehen Sie auf Konflikte und Herausforderungen ein

Alle guten Filme drehen sich um Konflikte und deren Lösung. Diesen Ansatz sollten Sie auch bei Werbevideos verfolgen. Hier erzählen Sie von den Herausforderungen und/oder Hindernissen, denen Sie auf Ihrer Reise begegnet sind.

Ich traf zum Beispiel die riskante Entscheidung, meinen gemütlichen Job als Wirtschaftslehrer an einer High School aufzugeben, um Vollzeit-Fotograf zu werden. Weitere Hürden bestanden darin, das Geld für meine erste Ausrüstung aufzutreiben und einen Stand auf einer Brautmesse zu finanzieren, um potenziellen Kunden meine Dienste vorzustellen. Eine weitere große Herausforderung war der Berufsstart als Neueinsteiger. Das war sehr schwierig in einer kleinen Stadt, in der alle Hochzeitsplanerinnnen und -veranstalter enge Beziehungen zu ihren Lieblingsfotografen pflegen.

Bieten Sie Konfliktlösungen an

Auf den Konflikt folgt die Lösung. Das Video sollte also zeigen, welche Schritte Sie unternommen haben, um Fuß zu fassen. Wie haben Sie angefangen? Wie haben Sie die Herausforderungen und Hindernisse bewältigt, mit denen Sie auf Ihrem Weg konfrontiert waren?

Zusammenfassung: Was motiviert Sie jetzt?

Es ist an der Zeit, das Video abzuschließen. An erster Stelle stand die Frage, was Sie dazu motiviert hat, in dieses Geschäftsfeld einzusteigen. Jetzt schließen wir ab mit den Dingen, die Sie dazu bewegen, sich immer wieder neuen Herausforderungen zu stellen, frisch und kreativ zu bleiben, sodass Ihre Kunden von Ihrer Kompetenz und Leidenschaft profitieren können.

Videomaterial und -länge

Wechseln Sie nach der Eröffnungsszene zu einem Interview-Format. Während des Gesprächs blicken Sie entweder in die Kamera oder zur Seite, als würden Sie mit einer anderen Person sprechen.

Schneiden Sie während der fünf Abschnitte eines erfolgreichen Werbevideos im Erzählstil (siehe oben) immer wieder zu repräsentativem B-Roll-Material: Wenn Sie zum Beispiel über Ihre Beziehung zu Ihrem Vater sprechen, könnten Sie ein Foto von sich und Ihrem Vater zeigen. Wenn Sie erklären, dass Sie eine Lösung für einen Konflikt finden mussten, könnten Sie Material einblenden, das Sie selbst in tief nachdenklicher Pose zeigt. Aber bleiben Sie natürlich. Wer sich selbst zu sehr in Szene setzt, riskiert, unecht zu wirken.

Die meisten Menschen haben eine kurze Aufmerksamkeitsspanne. Ihr Werbevideo sollte deshalb kurz sein – im Idealfall sollte die Langversion des fertigen Clips weniger als drei Minuten dauern.

Schlussbemerkungen zu Ihrem Werbevideo

Erstellen Sie auf jeden Fall ein Werbevideo! Überspringen Sie diesen Schritt nicht, weil Sie denken, er mache zu viel Arbeit. Ein gutes Werbevideo hat einen erheblichen Einfluss auf die Kundenakquise. Wenn Ihr Budget knapp ist, suchen Sie sich Leute, die Ihnen helfen können. Lassen Sie Ihre Kreativität spielen und achten Sie auf fundierte Inhalte. Wenn Sie diese Punkte beachten, können Sie das Video mit einer relativ preiswerten Kamera drehen. Ich empfehle Ihnen jedoch dringend, einen Profi mit dem Schnitt zu beauftragen. Eine gute Postproduction ist sehr wichtig. Sie sollten hier nicht an der falschen Stelle sparen.

Erstellen Sie zwei Versionen Ihres Werbevideos

Erstellen Sie eine Kurz- und eine Langversion Ihres Werbevideos. Die vollständige, lange Version (trotzdem unter drei Minuten) erscheint auf der Startseite Ihrer Website, auf Ihrer geschäftlichen Facebook-Seite und in Ihrem Blog und auf jeden Fall auf Ihrem Instagram TV-Kanal (IGTV). Die Kurzversion (maximal eine Minute) ist für Ihren Instagram-Feed, Twitter, Instagram-Stories usw. gedacht.

Mit zwei Videos in unterschiedlicher Länge haben Sie viel mehr Möglichkeiten, Ihr Video auf allen verfügbaren Marketing-Kanälen zu präsentieren.

KAPITEL 6

IHRE ARBEIT IN MAGAZINEN UND AUF BLOGS ZEIGEN

Es wird Sie vielleicht überraschen zu lesen, wie wichtig Ihre Inhalte für Fotomagazine sind. Ich erinnere mich noch, wie sehr ich mich zu Beginn meiner Laufbahn geziert habe, meine Arbeiten bei Verlagen einzureichen. Ich fragte mich: »Warum in aller Welt sollten die meine Bilder wollen? Wer bin ich, dass man über mich berichten sollte? Meine Hochzeitsfotos sind nicht ausgefallen genug, und ich porträtiere ganz normale Menschen.« Inzwischen kann ich voller Überzeugung sagen: Zeitschriften brauchen Inhalte, um zu überleben – und zwar eine Menge! Falls Sie sich die Mühe gemacht haben, einen Artikel bei einem Magazin einzureichen, und dieses ihn dann doch nicht annimmt, habe ich eine gute Nachricht für Sie: Es gibt noch viele andere Magazine und noch viel mehr Blogs. Es geht darum, die richtige Arbeit zur richtigen Zeit am richtigen Ort einzureichen. Redakteure wollen über bestimmte Looks oder Trends berichten. Wenn Ihre Arbeit nicht für einen Beitrag ausgewählt wird, liegt das wahrscheinlich nicht daran, dass Sie ein schlechter Fotograf sind. Der Grund könnte vielmehr sein, dass die von Ihnen eingereichte Arbeit nicht den Richtlinien, Farben, Stilen oder Trends entspricht, die die Redaktion zu diesem Zeitpunkt sucht.

Die Abbildungen 6.1 bis 6.5 zeigen ein paar Beispiele für nationale und internationale Zeitschriften, die über meine Arbeit berichtet haben. Es handelt sich um unterschiedliche Beiträge auf dem Cover und der Rückseite und auch um einen Leitartikel im Inneren. Ich zeige sie Ihnen, damit Sie sich vorstellen können, was Ihre Kunden denken mögen, wenn Sie in derart wichtigen Publikationen als Fachfotograf vorgestellt werden. Wenn die Kunden Ihre Arbeit abgedruckt sehen, dann empfinden sie Respekt und Bewunderung für Ihre fotografischen Erfolge. Vor allem aber erhalten die Kunden den Eindruck, dass auch ihre Bilder landes- oder gar weltweit in einer Zeitschrift erscheinen könnten, wenn sie Sie engagieren. Das ist ziemlich cool! Einigen Menschen ist ihre Privatsphäre natürlich wichtig, aber die meisten würden ihre Porträts oder Hochzeitsfotos sehr gerne in den großen Magazinen abgedruckt sehen. Denn womit könnte man besser vor Freunden oder der Familie angeben?

ABBILDUNG 6.1
Das Titelbild dieser Ausgabe des Magazins »Grace Ormonde Wedding Style« habe ich fotografiert. Sie kennen es vielleicht schon als Coverbild meines ersten Buchs »Perfekte Fotos mit System«.

ABBILDUNG 6.2 Bei diesem Artikel hat mich die Zeitschrift »c't Photography« auf der Titelseite als Posing-Experten vorgestellt. Solche Veröffentlichungen in ernst zu nehmenden Publikationen schaffen bei den Kunden ein enormes Vertrauen, dass sie es mit einem Experten zu tun haben und nicht nur mit jemandem, der sich gut vermarkten kann.

ABBILDUNG 6.3 Die Rückseite der angesehenen Fotozeitschrift »Popular Photography«. In diesem Fall nutzt Canon ein Foto, das ich im strömenden Regen von meinen Kunden in Florida gemacht habe, für eine Werbeanzeige. Es ist wirklich nicht einfach, auf dem Cover oder der Rückseite einer Zeitschrift zu erscheinen. Sie können sich daher vorstellen, welche Glaubwürdigkeit als Fotograf Ihnen das verleiht.

ABBILDUNG 6.4 In diesem Beispiel zeigt der Beleuchtungszubehör-Hersteller Profoto in einer Anzeige in der Zeitschrift »Rangefinder« mein Porträt des Models Rachel Cook, das ich mit einem Profoto-Beleuchtungssetup fotografiert habe. Auch dies legitimiert den Fotografen aus Kundensicht als Beleuchtungsexperten.

ABBILDUNG 6.5 Dieser Beitrag erschien in der Frühjahrsausgabe des Magazins »Grace Ormonde Wedding Style«. Der Artikel trägt den Titel »Die Kunst, Erinnerungen zu schaffen«. Das Magazin wird international verkauft und richtet sich an eine anspruchsvolle Zielgruppe im Hochzeitssegment.

Warum Sie Veröffentlichungen brauchen

In einem Magazin oder Blog zu erscheinen, ist wie ein Spiel: Sie können nicht gewinnen, wenn Sie nicht mitspielen; und wenn Sie doch spielen, dann gewinnen Sie nicht immer. In der Porträt- und Hochzeitsbranche gibt es mehr Fotografen als Sand am Meer. Es ist sehr schwierig, anerkannt oder entdeckt zu werden, deshalb sind solche Veröffentlichungen so wichtig. Damit heben Sie sich von all den anderen Sandkörnern ab, sodass Sie gefunden werden können. Je öfter Sie erwähnt werden, desto mehr Leute werden Sie finden. Letztendlich werden potenzielle Kunden wissen, wo sie suchen müssen, weil sie genau nach Ihnen suchen! Das ist das Ziel des Spiels.

Bauen Sie sich ein talentiertes und loyales Team auf

Damit Sie Erfolg haben können, brauchen Sie ein Team, das voll hinter Ihnen steht. Wir erreichen unsere Erfolge nicht alleine. Großartige Fotografie funktioniert nur mit einem umfangreichen Team. Ich brauche einen kreativen Visagisten, einen Haar- und Modestylisten, einen Ort für das Shooting und ein bis zwei Assistenten. Für ein großes Foto-Shooting braucht man also gewissermaßen ein ganzes Dorf.

Als Hochzeitsfotograf bekommen Sie diese talentierten Leute und den Veranstaltungsort glücklicherweise bereits kostenlos mit Ihrem Vertrag mitgeliefert, sofern Sie mit einer Hochzeitsplanerin zusammenarbeiten. Und besonders schön ist, dass die meiste

Arbeit für Sie erledigt wird. Jetzt müssen Sie nur noch einen exzellenten Job beim Shooting machen. Es schaut also eigentlich ganz gut aus für Sie. Und nun versetzen Sie sich einmal in die Perspektive einer Hochzeitsplanerin: Würde sie lieber einen Fotografen empfehlen, bei dem die Chance besteht, dass die Hochzeitsbilder später veröffentlicht werden, oder jemanden, der auf so etwas keine Lust hat?

Tipp zur geschäftlichen Zusammenarbeit

Wenn Sie ein loyales Team suchen, das Ihnen helfen soll, weitere Aufträge an Land zu ziehen, oder das bei Projekten mit Ihnen zusammenarbeitet, dann müssen Sie im Gegenzug darauf achten, dass sich auch die Geschäfte der einzelnen Teammitglieder durch die Zusammenarbeit mit Ihnen weiterentwickeln.

Wie sieht es aber aus, wenn Sie kein Hochzeitsfotograf sind, sondern Porträts oder redaktionelle Bilder fotografieren? Dann müssen Sie sich Ihr eigenes Team suchen. Und wenn Sie möchten, dass dieses Team kostenlos an Ihrem Projekt oder Ihren Projekten mitarbeitet, dann besteht sein Lohn darin, dass seine Arbeit von möglichst vielen Menschen gesehen wird. Wenn Ihre Arbeit häufig in Blogs oder Zeitschriften veröffentlicht wird, wird das Team mit Ihnen zusammenarbeiten wollen. Kontinuierliche Veröffentlichungen werden Ihnen zu einem sehr treuen Team aus hochtalentierten Menschen verhelfen. Falls Sie hingegen nicht publiziert werden - warum sollten diese Menschen ihre Zeit und ihr Können investieren, wenn die Fotos niemals an die Öffentlichkeit gelangen?

Finden Sie das passende Magazin oder den richtigen Blog für Ihren Beitrag

Als Hochzeitsfotograf sollten Sie daran denken, dass sich eine tolle Retro-Hochzeit nicht für ein klassisches, elegantes Hochzeitsmagazin eignet. Das passt einfach nicht zusammen. Dieses Retro-Event könnte jedoch genau der richtige Beitrag für eine Zeitschrift sein, die ungewöhnliche Hochzeiten präsentiert. Das scheint zwar selbstverständlich zu sein, aber viele Menschen machen ihre Hausaufgaben nicht gründlich genug und zerbrechen sich nicht den Kopf darüber, was passt und was nicht. Es dauert viel zu lange, Bilder auszuwählen, ihre Größe zu ändern, sie aufzupolieren und einzureichen - nur um dann abgelehnt zu werden, weil der Beitrag nicht zur Zielgruppe dieser speziellen Zeitschrift passt. Es dauert höchstens 30 Minuten, Ihre Hausaufgaben zu machen, um die perfekte Plattform zu finden.

Beachten Sie die Richtlinien und Anforderungen für Beiträge in Zeitschriften und Blogs

Versetzen Sie sich in die Lage der Person, die für die Beiträge in einer Zeitschrift oder einem Blog verantwortlich ist. Je besser Sie sich in die Perspektive anderer hineinversetzen können, desto erfolgreicher werden Sie sein. Stellen Sie sich vor, Sie arbeiten für eine Zeitschrift, sitzen an Ihrem Schreibtisch und machen die tägliche Routinearbeit. Alle fünf Minuten landet ein neuer Beitrag in Ihrem E-Mail-Posteingang. Sie öffnen die E-Mail, werfen einen kurzen Blick auf die Fotos und stellen sofort fest, dass sie nicht im vorgeschriebenen Format eingereicht wurden. Sie müssen noch weitere 100 Einreichungen bewerten, und es werden immer mehr. Werden Sie sich wirklich die Zeit nehmen, die Fotos zu bearbeiten, damit sie eventuell für eine Veröffentlichung infrage kommen? – Das glaube ich kaum. Es kann respektlos wirken, einen Beitrag nicht in dem Format einzureichen, das eindeutig auf der Website verlangt wird. Seien Sie nicht so ein Fotograf. Lesen Sie die Richtlinien und befolgen Sie sie mit großer Sorgfalt. Ihre Einsendung sollte zeigen, dass Sie sich Zeit genommen und Mühe gemacht haben, um Ihre Arbeit für diese Publikation ordentlich einzureichen. Man wird diese Sorgfalt anerkennen.

Was in eine Einreichung zum Thema »Hochzeit« gehört

Stellen Sie sich vor, Sie sind eine zukünftige Braut und blättern die Seiten einer Zeitschrift durch. Sie suchen dann höchstwahrscheinlich nach Inspiration und Ideen für Ihr Kleid, Ihre Schuhe, den Sektempfang, die Trauungszeremonie und vor allem für die Dekoration des gesamten Feierorts. Hochzeitsfeiern brauchen stimmungsvolle Beleuchtung, Kerzen, große Blumenarrangements, eine schöne Kuchen- oder Desserttafel und vieles mehr. Es gibt scheinbar unendlich viele Auswahlmöglichkeiten.

Ist Ihnen aufgefallen, dass ich oben an keiner Stelle Porträts von Braut und Bräutigam erwähnt habe? So bezaubernd die Fotos des Brautpaares auch sein mögen - das war für die angehende Braut nicht der Grund, die Zeitschrift zur Hand zu nehmen. Behalten Sie diesen Leitgedanken immer im Hinterkopf: »Details sind Trumpf.« Hier eine Liste der Details, die für gute Fotos immer wichtig sind:

DETAILS

- Brautkleid
- Brautschuhe
- Kleider der Brautjungfern
- Trauungsstätte und Blumen
- Hochzeitsauto
- Details zum Stehempfang
- Florale Gestaltung (Feier)
- Tischgedecke, stimmungsvolle Beleuchtung und Hochzeitstorte
- alle Arten von kulturellen Besonderheiten
- Feuerwerk
- Einladungen und Ringe
- Die Veranstaltungsorte für Trauung und Hochzeitsfeier

Diese Liste könnte endlos fortgesetzt werden. All dies gibt angehenden Bräuten fotografische Anregungen für ihre eigene Hochzeit. Je besser die Ideen sind, die Sie der Zeitschrift zur Verfügung stellen, desto wahrscheinlicher wird die zukünftige Braut diese Zeitschrift kaufen (was die Zeitschriftenverlage ja wollen). Ihre Aufgabe ist es, ihnen dieses Ziel zu erleichtern, indem Sie ihnen das bieten, was sie brauchen. Details sollten den größten Teil Ihres Beitrags ausmachen. Im Durchschnitt reichen Sie etwa 100 Bilder ein, und ich würde sagen, dass 60 % davon die Details zeigen sollten.

Die übrigen Inhalte der Hochzeitsreportage

Neben den Details runden weitere Hochzeitsfotos die gesamte Geschichte ab. Obwohl die Details im Vordergrund stehen, muss der Artikel nicht allein sie zeigen. Wählen Sie deshalb sehr genau aus, welche Fotos Sie noch einreichen, denn alle zusammen sollten eine einzige Geschichte erzählen. Die Porträts von Braut, Bräutigam und Brautpaar sollten insgesamt etwa 15 % der eingereichten Bilder ausmachen, die Aufnahmen der Hochzeitsgesellschaft etwa 5 %, die Bilder von der Zeremonie etwa 10 % und Schnappschüsse von Gästen, Leuten, die sich zurechtmachen, oder irgendwelchen lustigen Aktionen etwa 10 %.

Welche von all Ihren Fotos sollten Sie für Ihren Beitrag auswählen?

Mitunter ist man überfordert, wenn man auf den Computerbildschirm starren und aus durchschnittlich 600–1.000 Fotos auswählen muss. Selbst wenn Sie die Hochzeitsbilder bereits kategorisiert haben, verbleiben in jeder Kategorie immer noch sehr viele Fotos. Wie können Sie nun entscheiden, was für eine Zeitschrift oder einen Blog interessant ist? Nachfolgend finden Sie einige Kriterien, die Ihnen bei dieser Aufgabe helfen sollen. Um die besten Fotos für jede Kategorie auszuwählen, ist es wichtig, die folgenden Elemente im Auge zu behalten.

Gefühl: Zeigen Sie rührende Momente, natürliche romantische Blicke, die Nervosität von Braut oder Bräutigam, wie sie lachen oder von ihren Gefühlen überwältigt werden. Dasselbe gilt für die Hochzeitsgesellschaft: Jede Art von starken Emotionen in den Gesichtern der Schlüsselpersonen auf einer Hochzeit ist Gold wert.

Erwartung: Zeigen Sie besonders erwartungsvolle Augenblicke, etwa wenn die Braut oder der Bräutigam sich zurechtmachen, wenn die Braut ihr sorgsam ausgewähltes Kleid anzieht, der Bräutigam letzte Hand an sein Outfit anlegt oder der Brautvater seine Tochter zum ersten Mal in ihrem bezaubernden Hochzeitskleid sieht. Wenn das Foto ein starkes Gefühl der Vorfreude vermittelt, zieht es die Betrachter in seinen Bann. Mit Gefühlen oder Erwartungen aufgeladene Bilder stechen aus dem Inhalt einer Zeitschrift förmlich hervor.

Einzigartigkeit: Was ist schließlich besonders einzigartig an dieser Hochzeit? Was hat Ihre Aufmerksamkeit erregt? Gibt es gestalterische Elemente, die Sie neu, frisch, einzigartig oder besonders pfiffig finden? Dies ist entscheidend, um dem Zeitschriftenredakteur zu erklären, warum Sie gerade diese Hochzeit für Ihren Beitrag ausgewählt haben. Deshalb ist es so wichtig, dass die Fotos Ihre Begeisterung unterstützen.

Erklären Sie, warum Sie diese Hochzeit so interessant fanden, dass Sie sie einreichen wollten

Machen Sie nicht den Fehler, Ihre eingereichten Bilder nur für sich selbst sprechen zu lassen. Wer Woche für Woche Hunderte von Hochzeitsfotoserien begutachten und über ihre Veröffentlichung entscheiden muss, hat keine Zeit, zu raten oder haargenau zu analysieren, was an Ihren Fotos so besonders ist. Machen Sie es den Verantwortlichen also leicht und sagen Sie es ihnen!

Legen Sie Ihrem Beitrag eine klar benannte PDF-Datei bei, z. B. »Eckdaten der Hochzeit«, »Warum diese Hochzeit« oder dergleichen. Dies wird sofort die Aufmerksamkeit auf sich ziehen und zum Weiterlesen ermutigen. In diesem Dokument sollten Sie auch alle weiteren an der Hochzeitsdurchführung beteiligten Parteien und deren Social-Media-Accounts erwähnen. Je öfter Sie die Arbeit anderer in Blogs oder Zeitschriften einem breiten Publikum vorstellen, desto häufiger werden diese Sie ihren Kunden empfehlen. Es ist ganz einfach: Man hilft sich gegenseitig. Hochzeitsplaner und Veranstalter müssen einen Vorteil darin sehen, mit Ihnen zusammenzuarbeiten (statt mit anderen Fotografen).

Eine kurze Anmerkung zur Etikette des Einreichens

Respektieren Sie die Publikation. Es gilt als absoluter Faux-pas, ein und dieselbe Hochzeit gleichzeitig bei mehreren Zeitschriften oder Blogs einzureichen. Versetzen Sie sich in die Lage des Redakteurs, der sich die Zeit genommen hat, Ihre Arbeit sorgfältig zu prüfen, und sie dann auswählt. Er freut sich, Ihnen mitteilen zu können, dass die Entscheidung für Ihren Beitrag gefallen ist – nur um dann von Ihnen zu erfahren, dass Sie nach all der investierten Vorarbeit doch ablehnen, weil eine andere Zeitschrift Ihren Beitrag ebenfalls angenommen hat. Wie würden Sie sich an dieser Stelle als Redakteur fühlen? Tun Sie das also niemals.

Wählen Sie die richtige Zeitschrift oder den richtigen Blog für Ihren Beitrag aus und würdigen Sie diese Plattform zu 100 %. Bemühen Sie sich, nach den Standards dieser Publikation alles richtig zu machen. So entsteht eine gute Beziehung zu den Redakteuren, was Ihre Chancen erhöht, noch viel häufiger veröffentlicht zu werden.

Stellen Sie außerdem vorab unbedingt sicher (und überprüfen Sie das noch einmal!), dass Ihre Kunden der Publikation ihrer Hochzeitsfotos zustimmen. So aufregend es auch ist, seine Hochzeitsfotos in einem Magazin wiederzufinden – einige Kunden wollen vielleicht nicht, dass die ganze Welt die Bilder sehen kann. Und nicht nur die Kunden selbst müssen zustimmen – Sie benötigen die schriftliche Einwilligung jeder Person, die auf den eingereichten Bildern zu sehen ist (»Recht am eigenen Bild«).

Grundsätze für Porträt- und redaktionelle Beiträge

Die Grundsätze für eine Veröffentlichung auf einem Blog oder in einer Zeitschrift sind dieselben, unabhängig davon, welche Art von Fotos Sie einreichen. Nachfolgend finden Sie jedoch einige Informationen zu redaktionellen Fotobeiträgen und inwiefern diese sich von Beiträgen mit Bilderstrecken etwa für Hochzeitsmagazine unterscheiden.

Kleine Schritte

Allgemeinere Fotomagazine erreichen ein viel größeres Publikum als auf Hochzeiten spezialisierte. Deshalb erhalten sie auch viel mehr Beitragseinsendungen, sodass die Redakteure oft viel wählerischer sind. Eine gute Möglichkeit, Glaubwürdigkeit und Bekanntheitsgrad zu steigern und sich von der breiten Masse der Fotografen abzuheben, besteht darin, zunächst in vielen kleineren Publikationen zu veröffentlichen. Dann bauen Sie auf diesem Erfolg auf.

Eine kleinere oder lokale Zeitschrift zur Veröffentlichung Ihrer Arbeit zu bewegen, ist gar nicht so schwer, wie Sie vielleicht denken. Also seien Sie motiviert, veröffentlichen Sie Ihre Arbeiten und sammeln Sie Erfahrungen mit der Einreichung von Beiträgen. Haben Sie erst einmal Erfolg bei den kleineren Verlagen, dann versuchen

Sie es bei regionalen und sogar landesweiten Medien. Wenn Sie bereits mehrere Veröffentlichungen vorweisen können, werden Sie damit bei den Redakteuren größerer Blogs oder Magazine punkten, auch wenn es sich bisher nur um Publikationen mit geringerer Reichweite handelte.

Fotos für Modezeitschriften sind das Gegenteil von Porträtfotos

Modefotos zeigen eher die Kleidung oder ein bestimmtes Thema, weniger die Person. Es ist ein Anfängerfehler, zu glauben, in der Modefotografie sei das Model das Hauptmotiv. Hier steht nicht das Model im Mittelpunkt, sondern die Kleidung. Das Model ergänzt die Kleidung, ist aber immer zweitrangig gegenüber Kleidung, Schuhen oder Accessoires. Planen Sie Ihr Shooting deshalb so, dass Sie die Kleidung in Ihrem einzigartigen Fotostil inszenieren, und schon werden sich die Redaktionen für Ihre Bilder interessieren.

Stellen Sie außerdem unbedingt sicher, dass die fotografierte Kleidung in puncto Stil und Jahreszeit angemessen ist, wenn Sie sie einreichen. Natürlich wird eine Zeitschrift während der Sommermonate keinen Artikel über Herbstbekleidung drucken. Hier kommt es auf das Timing an. Ihr Beitrag muss auch gut recherchiert sein, was die aktuellen Trends betrifft - was ist angesagt, was ist »in«? Denken Sie auch an den mehrmonatigen Planungsvorlauf der Redaktionen.

Schreiben Sie eine Geschichte zu Ihrem Shooting

Dies ist von entscheidender Bedeutung, also denken Sie gut nach: Welchen Sinn hat Ihre Einreichung? Warum haben Sie diese Aufnahmen gemacht? Warum sollten sich Zeitschriftenredakteure die Mühe machen, Ihre Bilder anzuschauen, oder gar den Abdruck erwägen? Die Antwort lautet: Weil Sie eine Geschichte haben, die Ihre themenbezogenen Aufnahmen ergänzt.

Die Geschichte könnte von Ihrer Sicht auf einen aktuellen Modetrend handeln. Beispielsweise könnten Damenjeans mit hohem Bund oder Birkenstock-Sandalen ein großes Comeback erleben. Schreiben Sie eine Geschichte, die Ihre Fotos ergänzt. Ergibt das Sinn? Fotografien können nicht für sich alleine stehend veröffentlicht werden; sie ergänzen das übergeordnete Thema und die Geschichte. Wenn Sie wirklich einen außergewöhnlichen Beitrag einreichen möchten, nehmen Sie sich die Zeit, kurz zu skizzieren, wie Sie sich den Artikel und die Anordnung der Fotos in der Zeitschrift bildlich vorstellen. Achten Sie dabei darauf, den Stil und das Erscheinungsbild der Publikation nachzuempfinden, bei der Sie Ihren Beitrag einreichen. Das erleichtert es dem Redakteur erheblich, sich Ihre Fotos und Ihren Artikel in seiner Zeitschrift vorzustellen.

Wenn Sie all diese Arbeiten nun erledigt haben, drücken Sie sich selbst die Daumen und hoffen Sie auf das Beste. Falls Sie keine Nachricht von der Redaktion erhalten, warten Sie nicht zu lange darauf, dass man Ihnen die Hand reicht. Melden Sie sich selbst noch einmal - Beharrlichkeit zahlt sich aus.

TEIL ZWEI

SO AKQUIRIEREN SIE AUFTRÄGE

KAPITEL 7

DER ERSTE EINDRUCK ZÄHLT

Überlegen Sie, was einem potenziellen Kunden beim Verkaufsgespräch mit Ihnen durch den Kopf geht? Die meisten von uns glauben, dass sie gut darin sind, zu erklären, was sie tun, wie sie es tun, warum sie es tun und welche Preise sie verlangen. Aber Ihr Kunde betritt hier komplettes Neuland. Zweifellos muss es ein psychologisches Mittel oder eine Methode geben, mit der Sie die leise Stimme in seinem Kopf dazu bringen können, zu sagen »Ich muss diesen Fotografen unbedingt engagieren!« anstatt »Das ist nur ein Treffen von vielen«.

Wie Sie beim Beratungsgespräch Ihre Worte wählen und in welcher Reihenfolge Sie die nötigen Informationen vermitteln, hinterlässt einen tieferen Eindruck, als Sie vielleicht denken. Dasselbe gilt für Ihr Auftreten, Ihre Selbstorganisation, Ihre Abläufe und sogar den Ort, an dem Sie Ihre potenziellen Kunden treffen. Anstatt nur zu erklären, was Sie tun – was Ihre potenziellen Kunden furchtbar langweilen würde –, sollten Sie sich damit vertraut machen, was während eines Verkaufsgesprächs in Ihren Kunden vorgeht, damit Sie in jeder Hinsicht punkten können. Wissen ist Macht!

Beim ersten Eindruck überzeugen

Die meisten von uns kommen am besten mit Menschen klar, die uns in gewisser Weise ähnlich sind. Was uns nicht als die »Norm« erscheint, ist für uns automatisch »anders«. Keine Angst, es ist nicht schlimm, in den Augen Ihrer Kunden anders zu sein. Aber wenn Sie zu weit von ihrer »Norm« abweichen, könnte sie das abschrecken.

Ihre Kleidung hat großen Einfluss auf die Meinung Ihrer potenziellen Kunden

Ihr Aussehen ist das erste Stückchen Information, das die Kunden über Sie erhalten. Gerne würde ich sagen, dass Ihr Outfit keine Rolle spielt und dass es keinen Grund gibt, sich den Kopf über Kleidung zu zerbrechen – aber das ist nicht der Fall. Was auch immer Sie tragen, es wird den ersten Eindruck der Kunden prägen und beeinflussen.

Mir wurde bei einem Treffen mit einigen inzwischen befreundeten Porträt- und Hochzeitsfotokunden schlagartig klar, wie wichtig das äußere Erscheinungsbild ist. Als sie sich über ihre Suche nach einem Fotografen austauschten, erzählte mir ein Paar, dass einer der Fotografen, die sie trafen, sein Hemd auf links trug. Ein anderes Paar erwähnte einen Fotografen, der Sandalen anhatte und immer wieder seine Füße in die Nähe der von ihm präsentierten Produkte hielt. Ein Fotograf traf einen potenziellen Kunden in einem Hemd, das so zerknittert aussah, als käme es direkt aus einem Altkleidersack. Und schließlich gab es noch die Geschichte von dem Fotografen, der davon besessen war, mit Markenartikeln anzugeben. Um die damaligen Interessenten zu zitieren: »Er sah irgendwie lächerlich aus.« Dies sind nur einige wenige Geschichten, die mir Kunden zu diesem Thema erzählt haben.

Auch wenn ich dem Thema »Bekleidung« nicht allzu viel Zeit widmen möchte, denke ich, dass es eine kurze Erörterung wert ist. Meiner Erfahrung nach ist es am besten, den eigenen Stil beizubehalten und sich selbst treu zu bleiben, dabei aber auch die Zielgruppe der Kunden zu berücksichtigen und sich etwas Mühe zu geben, dieser zu ähneln. Ich trage zum Beispiel gerne bedruckte T-Shirts und Jeans. Allerdings zieren viele meiner T-Shirts Totenköpfe und Bandnamen. Wenn ich bei geschäftlichen Treffen ein bedrucktes T-Shirt trage, lege ich deshalb auch eine schicke Weste an, um einen Großteil des Designs abzudecken. Beschränken Sie Markennamen auf ein Minimum. Es wird niemanden beeindrucken, wenn Sie ein Hemd mit einem markanten Gucci-Logo tragen. Tatsächlich kann das sogar kontraproduktiv sein.

Was auch gut funktioniert, ist ein langärmeliges Button-down-Hemd oder für Frauen eine Bluse. Die Farbe Blau steht für Vertrauen (siehe hierzu auf der übernächsten Seite den Kasten über die Wirkung von Farben auf Menschen). Deshalb ist ein marineblaues Button-down-Hemd meist eine gute Wahl. Wenn Sie Rot tragen, werden Not- oder Alarmsignale an das Gehirn gesendet, was bei der Auftragsakquise nicht so gut ist. Auch Schuhe können das Erscheinungsbild prägen oder zerstören, und ein gutes Paar Schuhe kann das gesamte Outfit abrunden. An den Schuhen kann man vieles über den Träger oder die Trägerin ablesen.

Ich sage immer, dass die Kleidung Ihren fotografischen Stil widerspiegeln sollte. Mein Markenzeichen sind zum Beispiel stilvolle, moderne, romantische Fotos. Also sind meine Schuhe stilvoll und sauber, und meine Weste oder Jacke passt zu den Schuhen. Ich bin mir nicht sicher, ob es überhaupt jemals eine gute Idee ist, Sandalen zu tragen. Wollen Sie beim ersten Treffen mit einer Person ihre Zehen sehen? Manchen Leuten ist das vielleicht egal, aber den meisten nicht. Dabei spielt es keine Rolle, ob Sie eine Frau oder ein Mann sind. Wenn es um Kleidung und stilvolles, aber dennoch professionelles Aussehen geht, gelten diese Vorschläge für beide Geschlechter.

Versetzen Sie sich in Ihre Kunden hinein. Würden Sie Ihre Hochzeit oder eine wichtige Porträtsession einem chaotisch aussehenden Fotografen anvertrauen, der sich nicht einmal richtig anziehen kann? Das glaube ich kaum. Sie werden davon ausgehen, dass ein derart unordentlicher Mensch sehr wahrscheinlich auch beim Fotografieren ihrer Porträts oder ihrer Veranstaltung eher chaotisch agieren würde.

Die Wirkung von Farben auf Menschen

Im College habe ich Kurse über Verbraucherverhalten besucht, und dort wurde den Farben, die wir mit bestimmten Marken assoziieren, viel Aufmerksamkeit geschenkt. Zusätzlich zu diesem Wissen habe ich Online-Recherchen durchgeführt und dann eine speziell auf die Fotobranche zugeschnittene Liste zusammengestellt. Diese bietet Ihnen einen schnellen Einblick in die unterbewusste Beeinflussung Ihrer Kunden durch die Farben, die Sie bei Ihrem ersten Treffen tragen.

Wenn Sie zum Beispiel überwiegend Schwarz tragen, könnten Ihre Hochzeitskunden Sie als Luxusmarke wahrnehmen, aber sie könnten Sie auch mit Tod und Dunkelheit in Verbindung bringen. Diese Farbe ist im Zusammenhang mit Hochzeiten nicht gerade ideal, oder? Kleidung mag manchmal unbedeutend erscheinen, aber sie ist es nicht. Das gilt vor allem dann, wenn Sie vieles in derselben Farbe tragen – das sendet definitiv eine Botschaft an den Kunden aus. Je stärker Sie sich die Arbeitsweise des menschlichen Geistes vor Augen führen, desto mehr Vorteile können Sie daraus ziehen.

SCHWARZ
Luxus, gehobenes Niveau, formell, kraftvoll, traditionell, Tod, Kälte, geheimnisvoll

GRAU
einfach, seriös, reif, führungsstark, schwermütig, energielos, langweilig

VIOLETT
kreativ, freimütig, experimentierfreudig, ehrgeizig, minderwertig, launisch

BLAU
vertrauenswürdig, zuverlässig, ruhig, kompetent, kalt, emotionslos

GRÜN
frisch, entspannt, qualitätsvoll, sicher, materialistisch, egoistisch, unerfahren, leichtfertig

GELB
einladend, freundlich, bequem, fröhlich, ängstlich, irrational

ORANGE
selbstbewusst, kreativ, freundlich, warmherzig, unreif, unwissend, hinterlistig

ROT
energisch, leidenschaftlich, eindringlich, Gefahr, Warnung

BRAUN
ernsthaft, zuverlässig, warm, natürlich, beständig, humorlos, bieder

WEISS
sauber, einfach, anspruchsvoll, unfreundlich, elitär

Abgesehen von der Kleidung verhalf mir obige Liste der Farbassoziationen auch zu der Entscheidung, bei meinen Präsentationen und Hochzeitsalben zu viele schwarze Produkte zu meiden. Ich tendiere eher zu braunen Ledereinbänden, weil sie natürlich wirken und ein Gefühl der Beständigkeit vermitteln.

Langweilige Smalltalk-Fragen vermeiden

Wenn Kunden in Ihrem Studio oder bei Ihnen zu Hause eintreffen, dann haben sie höchstwahrscheinlich zuvor schon andere Fotografen getroffen und nehmen sich nun Zeit, um Sie aufzusuchen. Sie investieren ihre Zeit, ohne zu wissen, ob sie Sie überhaupt beauftragen werden. Vielleicht halten sie den Termin für Zeitverschwendung, vielleicht wird es aber auch ein großartiges Treffen, bei dem sie beschließen, Ihnen den Auftrag zu geben, weil es zwischen Ihnen richtig gefunkt hat. Beides ist möglich. Da Sie Ihre potenziellen Kunden hier zum ersten Mal treffen, sollten Sie natürlich Smalltalk betreiben. Smalltalk kann langweilig und trocken oder ansprechend und interessant sein. Im Folgenden zeige ich Ihnen einige Schritte, die Ihnen helfen sollen, die Kunst des Smalltalks zu perfektionieren.

Begrüßung

Beginnen Sie mit einer freundlichen, persönlichen Begrüßung mit festem Händedruck und gutem Blickkontakt. »Hallo, Maja, hallo Kai! Schön, euch endlich persönlich kennenzulernen!« Beim Händeschütteln gebe ich immer der Person den Vorrang, die mir am nächsten steht. Wenn potenzielle Hochzeitskunden gleich nah bei mir stehen, versuche ich, der zukünftigen Braut den Vorrang zu geben. Unmittelbar danach schüttle ich dem Bräutigam die Hand. Das zeugt von guten Manieren und gibt den Ton für ein gelungenes Treffen an.

Smalltalk-Fragen und -Themen, die es zu vermeiden gilt

Niemand möchte das Gefühl haben, am Fließband abgefertigt zu werden. Bei meinen ersten Versuchen, mit potenziellen Kunden ins Gespräch zu kommen, habe ich viele Fehler gemacht, indem ich die falschen Fragen gestellt habe. Die folgende Liste schlechter Fragen beruht auf Recherchen und meinen eigenen Erfahrungen.

»Wie war die Anfahrt?« Das geht gar nicht. Wenn das Verkehrsaufkommen auf dem Weg zu Ihrem Studio hoch war, würde diese Frage die Interessenten an den Stress erinnern, den sie wegen Ihnen ertragen mussten. Ihre ersten Fragen sollten nur gute Gedanken hervorrufen – über etwas, das den Kunden wichtig ist. Gleich nach der Begrüßung könnten Sie sagen: »Ich freue mich so sehr darauf, mit Ihnen über das Fotoshooting zu sprechen.« Wenn es in dem Vorgespräch um ein Familien-Fotoshooting geht, sagen Sie: »... Ihr Familien-Fotoshooting zu besprechen.« Und im Falle einer Hochzeit: »... über Ihre Hochzeit in der Location XY zu sprechen.« Die Erwähnung des Hochzeitsortes ist für das Paar aufregend, weil sie ihn unter vielen anderen Möglichkeiten ausgewählt haben. Durch Ihre Bemerkung werden sie sich sofort wieder ihre Hochzeit an diesem schönen Ort vorstellen. Dies ist ein positiver Gedanke, und Sie sollten so viele gute Gedanken wie möglich in den Kunden wecken. Während des Treffens könnten Sie jedoch unbeabsichtigt negative Gedanken hervorrufen – durch alles, was unangenehm, stressig, unpassend oder geldbezogen ist. Dazu gehört zum Beispiel die Antwort »Ich kann nicht ...« auf bestimmte Wünsche oder Fragen.

Das Wetter: Fragen oder Kommentare zum Wetter sind langweilig. Sie vermitteln den Kunden das Gefühl, Sie hätten keine soziale Kompetenz und würden versuchen, peinliche Momente der Stille mit allgemeinem Smalltalk auszufüllen. Das Wetter ist das allgemeinste Thema überhaupt, also vermeiden Sie es.

»Haben Sie gut hergefunden?« Wenn die Kunden bei Ihnen vor der Tür stehen, dann haben sie hergefunden, ja. Und falls sie Schwierigkeiten hatten, Ihr Studio oder Büro zu finden, dann werden sie es nicht zugeben wollen, weil sie dann unfähig erscheinen würden, die Navigationsapp ihres Smartphones zu bedienen. Diese Frage wird oft gestellt, und sie führt zu nichts.

»Wie haben Sie beide sich denn kennengelernt?« Dies ist eine sehr persönliche Frage. Wenn Sie potenzielle Kunden zum ersten Mal treffen, ist es geschmacklos, die Preisgabe so persönlicher Informationen zu verlangen, so unschuldig die Frage auch wirken mag. Warten Sie, bis Sie eine bessere Beziehung aufgebaut haben und das Gespräch flüssig und freundlich verläuft. Die Steigerung dieser Frage lautet«: Was war es, das Sie zueinander hingezogen hat?« Diese Frage fällt in die Kategorie »sehr persönlich«. Es wäre besser, sie zu vermeiden; sparen Sie sie für eine Zeit auf, die das Paar selbst festlegt und in der Sie einander wirklich vertraut sind. Wenn Kunden solche Fragen hören, denken sie unmittelbar, dass Sie das nichts angeht. Bei meinen Recherchen habe ich selbst gesehen, wie Menschen auf solche Fragen reagieren, die zwar scheinbar im Plauderton gestellt werden, aber beim ersten Treffen als viel zu persönlich empfunden werden.

Angenehme Smalltalk-Gespräche führen

Für einen guten ersten Eindruck ist es unerlässlich, sich vor dem ersten Treffen mit möglichst viel »Munition« auszustatten. Und damit meine ich Informationen. Sammeln Sie in Ihren ersten Telefongesprächen oder E-Mails einige grundlegende, wichtige Informationen, die Sie erfragen möchten. Diese Informationen können Sie dann nutzen, um sich den perfekten Gesprächsauftakt für Ihr erstes Treffen mit den potenziellen Kunden zu überlegen.

Wirkungsvolle Instrumente für guten Smalltalk

- relevante Fragen
- Gemeinsamkeiten
- Machen Sie ein aufrichtiges Kompliment zur Kleidung oder zu den Entscheidungen, die Ihre Kunden für die Aufnahmen getroffen haben.
- Stellen Sie offene Fragen, und beantworten Sie ihre Fragen mit offenen Antworten.

Werfen Sie einen Blick in den Kasten rechts. Behalten Sie die ersten beiden Punkte – relevante Fragen und Gemeinsamkeiten – im Hinterkopf, wenn Sie sich über die fotografischen Anforderungen der Kunden austauschen und das erste Treffen anberaumen. Wenn Sie zum Beispiel ein Familien-Fotoshooting besprechen, wäre es sinnvoll, den Interessenten etwa folgende Fragen zu stellen: »Welche Familienmitglieder werden dabei sein? Was ist der Anlass für das Fotoshooting? Wie lange ist es her, dass alle zusammengekommen sind?« Wenn die Kunden den Ort für die Aufnahmen gewählt haben, fragen Sie, ob dieser eine besondere emotionale Bedeutung für sie hat. Mit solchen Fragen können Sie feststellen, ob es eine gemeinsame Basis zwischen Ihnen und dem Kunden gibt. Solche Berührungspunkte sind entscheidend, um das Gespräch bei der ersten Begegnung authentisch zu beginnen. Dies ist ein viel persönlicherer Ansatz, um das Eis zu brechen, als allgemeine Fragen zu stellen.

Die letzten beiden Punkte auf der Liste sind für Ihr erstes Zusammentreffen reserviert. Jemandem ein echtes Kompliment zu machen, ist eine großartige Möglichkeit, um Sympathien zu wecken. Wenn er oder sie eine interessante Uhr trägt, erhalten Sie eine gute Gelegenheit zu sagen: »Ihre Uhr gefällt mir wirklich gut!« Setzen Sie bei Komplimenten auf Ihren gesunden Menschenverstand. Als Mann sollten Sie einer Frau keine Komplimente bezüglich Bluse, Hose, Gesicht usw. machen. Das kann leicht nach hinten losgehen!

Requisiten für den Gesprächsbeginn

Requisiten für den Gesprächsbeginn sind strategische Gegenstände, die Sie für das erste Treffen absichtlich im Blickfeld Ihrer potenziellen Kunden im Raum platzieren. Sie dienen dazu, auf natürliche Weise ein Gespräch anzuregen. Sie sollten Ihre Interessen widerspiegeln und idealerweise vermitteln, was Sie außerhalb der Fotografie tun – was Ihre Hobbys sind, wo Sie studiert haben oder welche anderen Interessen oder Fähigkeiten Sie besitzen. Diese Themen beziehen sich meist nicht auf die Fotografie, obwohl dies auch nicht ausgeschlossen ist. Hier einige Beispiele für meine persönlichen Requisiten:

Abbildung 7.1: Konzertgitarre. Bevor ich Fotograf wurde, war ich Konzertgitarrist und Lehrer für klassische Gitarre. Ich habe über 10 Jahre lang mehr als 4.000 Privatstunden im klassischen Gitarrenspiel erteilt, was potenzielle Kunden immer wieder verblüfft. Natürlich stellen sie mir einige Anschlussfragen zu meiner Musikerlaufbahn. Vielleicht teilen sie mir auch mit, dass sie gerade selbst versuchen, das Gitarrenspiel zu erlernen oder dass sie sich gerade eine Gitarre gekauft haben. Und ehe wir uns versehen, sind wir mitten in einem freundschaftlichen Gespräch.

Abbildung 7.2: Eines meiner liebsten Hobbys, das ich ziemlich ernst nehme, ist Kunstflug mit leistungsfähigen Modellhubschraubern. Diese Maschinen sind extrem gefährlich und Ehrfurcht gebietend. Bei Vollgas sind sie überraschend laut. Aber es ist der Wahnsinn, sie zu fliegen, und das läuft alles von Hand, ohne GPS oder elektronische Stabilisatoren. Sie fragen sich wahrscheinlich, wie ich diesen Hubschrauber auf sinnvolle Weise zeigen kann? Nun, ich lade ihn absichtlich an einer Steckdose auf, die sich zwar etwas abseits, aber immer noch in Sichtweite des Sitzbereichs der Kunden befindet. Es ist kaum möglich, den riesigen glänzenden Helikopter zu übersehen und kein Gespräch darüber zu beginnen. Wenn die Kunden sich für Technik oder Mechanik begeistern, kann ein solches Objekt eine bedeutsame Verbindung zwischen Ihnen schaffen.

ABBILDUNG 7.1

ABBILDUNG 7.2

Abbildung 7.3: Als Teil meiner Studiodekoration habe ich mein größtes Objektiv mit dem größten Kameragehäuse, das ich besitze, auf einem Stativ befestigt. Warum? Wenn die Leute beim Hereinkommen dieses teure Stück Fotoausrüstung sehen, erkennen sie, dass sie es mit einem ernsthaften Fotografen zu tun haben, der viel in sein Handwerkszeug investiert. Das Objektiv meiner Wahl ist das Canon EF 200mm f/2. Wenn potenzielle Kunden mich fragen, wofür ich dieses Objektiv einsetze, erkläre ich ihnen, dass es die schönsten und federweichesten romantischen Hintergründe erzeugt. Ich erwähne auch, dass die Brennweite von 200 mm eine sehr schmeichelhafte Perspektive für Porträts ergibt. Stellen Sie sich vor, wie das für den Kunden klingt. Wer würde nicht gerne schmeichelhaft aussehen und Fotos mit federweichen Hintergründen bekommen? Sie besitzen ein Werkzeug, das die Kunden wahrscheinlich noch nirgendwo sonst gesehen haben und das ihnen überragende Fotos liefern wird. Das finden sie spannend!

ABBILDUNG 7.3

Abbildung 7.4: Während sich das Gespräch über den tollen Look durch das 200-mm-f/2-Objektiv weiterentwickelt, liegt es nahe, dem Paar noch einige weitere Spezialobjektive zu zeigen, die ich für meine Aufnahmen einpacke. Diese Objektive bieten meinen

ABBILDUNG 7.4

Kunden eine Auswahl an verschiedenen Looks und Blickwinkeln, die ihre Veranstaltung oder ihr Foto-Shooting fantastisch aussehen lassen! Normalerweise habe ich auch einige Fotos zur Hand, um ihnen zu zeigen, was die verschiedenen Objektive leisten. Im Fall einer Hochzeit weiß ich, dass das Paar viel Geld für den Anlass ausgibt. Deshalb hole ich das 11–24-mm-f/4-Canon-Objektiv hervor und dazu ein Foto, das ihnen zeigt, dass die Hochzeitsparty durch die einzigartige Perspektive dieses Objektivs wie ein gut besuchter Nachtclub in Las Vegas wirkt. Jeder wünscht sich, dass seine Feier zu einem außergewöhnlichen Ereignis wird. Wenn die Leute dafür richtig viel Geld ausgeben, sollen auch die Fotos eine echte Augenweide sein, und sie werden sich Ihre Fachkompetenz wünschen!

Denken Sie daran, dass Sie das Interesse Ihrer potenziellen Kunden einschätzen müssen. Wenn sie sich offensichtlich weder für Technik noch für das große 200-mm-Objektiv interessieren, dann bringe ich diese Dinge überhaupt nicht zur Sprache. Diese Gegenstände stehen nur für den Fall bereit, dass sich dadurch ein spannendes

Gespräch zwischen uns entfalten kann. Falls nicht, dann machen Sie sich darüber keine Gedanken. Fangen Sie einfach an, über die geplante Veranstaltung zu sprechen.

Abbildung 7.5: Auf einem Beistelltisch liegen einige Kunstbücher über Uhren und auch Bücher zur Vorbereitung auf die Sommelier-Prüfung. Kalifornier lieben Wein! Für viele Leute hier ist das eine echte Leidenschaft. Ich bereite mich tatsächlich auf meine erste Sommelier-Prüfung vor, denn auch ich liebe Wein. Ich finde das ziemlich interessant und genieße es, mehr über die Regionen, das Klima und die Geschichte der verschiedenen Weingüter Kaliforniens zu lernen. Diese Bücher platziere ich strategisch auf den anderen Büchern, damit sie leicht erkennbar sind.

ABBILDUNG 7.5

Gehen Sie auf den Bräutigam ein

Der folgende Tipp klingt sicher etwas merkwürdig, aber in meiner 15-jährigen Erfahrung im Umgang mit Hochzeitskunden hat er für mich Wunder gewirkt, und ich möchte, dass er auch Ihnen hilft. Sie können sich sicher vorstellen, dass die Braut meist sehr viel stärker in die Hochzeitsplanung eingebunden ist als ihr Bräutigam. Die Braut wünscht sich nichts sehnlicher, als dass der Bräutigam in irgendeinen Aspekt der Hochzeitsplanung stärker einbezogen wird oder sich sogar dafür begeistert.

Deshalb sind die oben erwähnten, eher männlich besetzten Gegenstände wie die großen Objektive oder der beeindruckende Hubschrauber strategisch platziert, um anregende Gespräche zu führen – und eine gute Gelegenheit, eine Verbindung zum Bräutigam aufzubauen. Natürlich können diese Gegenstände für die Braut ebenso interessant sein. Aber wenn nicht, dann habe ich doch eine gute Chance, Kontakt mit dem Bräutigam aufzunehmen. Er wird von unserem Treffen begeistert sein und es in viel besserer Erinnerung behalten als die anderen Treffen mit Fotografen.

Das Ziel ist, dass der Bräutigam von mir begeistert ist. Wenn das gelingt, dann wird die Braut froh sein, dass der Bräutigam endlich gesteigertes Interesse an der Hochzeitsplanung zeigt, und sie wird wohl kaum den Fotografen, den er mag, ablehnen.

Die Fotobranche ist sehr wettbewerbsintensiv. Es gibt unzählige Fotografen auf der Welt. Nutzen Sie jeden Vorteil, der sich Ihnen bietet – sonst entscheiden sich potenzielle Kunden vielleicht für einen anderen Fotografen, zu dem sie eine bessere Beziehung aufgebaut haben. Warum also nicht klug und strategisch vorgehen? Seien Sie der Fotograf, zu dem die Kunden eine Beziehung aufbauen!

KAPITEL 8

WIE KÜNFTIGE KUNDEN DENKEN

Wenn Sie es geschafft haben, bei Ihren künftigen Kunden einen guten ersten Eindruck zu hinterlassen, dann ist es an der Zeit, sich mit ihnen zu einem Gespräch zusammenzusetzen. Falls Sie sie dabei nicht beeindrucken können, wird dieses Treffen mit großer Wahrscheinlichkeit sehr kurz ausfallen oder abgebrochen werden, und alles, was Sie sagen, wird auf taube Ohren stoßen. Deshalb war das vorige Kapitel dem Ziel gewidmet, einen guten ersten Eindruck zu hinterlassen. Jetzt sollten wir uns in unsere künftigen Kunden hineinversetzen.

Die Gedankenwelt des Kunden

Menschen, die einen Porträt- oder Hochzeitsfotografen für ihr Festtags- oder Porträtshooting suchen, haben bestimmte Erwartungen an das erste Treffen. Sie müssen sich bemühen, diese geistige Einstellung zu verstehen, und überlegen, wie Sie dieses Wissen zu Ihrem Vorteil nutzen können. Wenn Menschen nach einer sehr wichtigen Dienstleistung oder einem Produkt mit Langzeiteffekt suchen, dann bringen sie sich sehr stark in diese Kaufentscheidung ein. Wenn Sie im Lebensmittelgeschäft ein Glas Gurken kaufen, gehen Sie wahrscheinlich in den Gang mit den Gemüsekonserven und werfen einen kurzen Blick auf die Etiketten. In fünf bis zehn Sekunden haben Sie sich ein Glas ausgesucht und denken nicht weiter darüber nach – nichts, wo Sie sich groß einbringen mussten. In der Fotografie hingegen sind Kunden bei Kaufentscheidungen immer sehr involviert.

Ein Porträt-Shooting fordert den Kunden einen großen Planungs- und Logistikaufwand ab, bevor es endlich beginnen kann. Sie haben Zeit und Geld investiert, um passende Kleidung zu kaufen, sich mit allen Teilnehmern des Fotoshootings abzusprechen und sicherzustellen, dass sie aufeinander abgestimmte Kleidung tragen. Sie haben sich die Haare und das Make-up richten lassen und Diät gehalten, um bestmöglich auszusehen.

Mit ihrem Hochzeitsfotografen wählen die Kunden eine Person, die für die Dokumentation des wichtigsten Tages in ihrem Leben und der Gründung einer neuen Familie verantwortlich ist. Das ist eine bedeutsame Entscheidung, die den Rest ihres Lebens

beeinflussen wird. Hochzeiten lassen sich nicht wiederholen: Die Kunden haben genau eine Möglichkeit, den richtigen Fotografen zu wählen, und falls sie nicht erneut heiraten, gibt es keine zweite Chance.

Was bedeutet es für uns, dass die Kunden hier so intensiv abwägen? Im Folgenden liste ich auf, was Leute umtreibt, die sich zum ersten Mal mit potenziellen Fotografen treffen.

Die Kunden haben umfangreich recherchiert

Die Interessenten kontaktieren Sie, nachdem sie ausgiebige Nachforschungen über Sie und Ihre Konkurrenz angestellt haben. Sie haben sich nicht nur Ihre Website sehr genau angesehen, sondern wahrscheinlich auch Ihre Beiträge in sozialen Medien wie Instagram und Facebook sowie Yelp- oder Google-Rezensionen usw. durchgesehen. Dessen sind Sie sich natürlich sehr wohl bewusst, und daher stellen Sie sicher, dass Ihr Image und die einschlägigen Informationen im Internet mit Ihrem Unternehmen und Ihren Werten übereinstimmen. Die Menschen kennen Sie nicht, also können sie sich nur aufgrund der Informationen auf diesen Social-Media-Plattformen eine Meinung über Sie bilden.

Die Kunden befinden sich in einem langen Verkaufszyklus

Hochzeits- beziehungsweise Porträtfotografen und ihre Kunden sind Teil eines langfristigen Verkaufszyklus. Für einen Hochzeitsfotografen kann sich dieser über zwei oder mehr Jahre erstrecken. Der Verkaufszyklus beginnt in dem Moment, in dem Sie zum ersten Mal auf irgendeine Art mit einem potenziellen Kunden kommunizieren, und er dauert so lange an, bis Sie alle Leistungen vollständig und zur Zufriedenheit des Kunden erbracht haben.

Was heißt das für Sie? – Es bedeutet, dass es in dieser Zeit zwar viele Chancen für zusätzliche Verkäufe, aber auch immer mehr Risiken geben wird, dass etwas mit Ihrer Kundenbeziehung schiefläuft. Deshalb ist es unabdingbar, alle potenziell problematischen Phasen in Ihrem Verkaufszyklus zu notieren und gleich zu Beginn mit Ihren Kunden zu besprechen.

Nehmen wir beispielsweise an, Sie haben bei der Feier oder dem Porträt-Shooting hervorragende Arbeit geleistet und alle sind hochzufrieden mit Ihnen und Ihrer Fotografie. So weit, so gut. Aber dann ruft die Braut Sie an und teilt Ihnen mit, dass sie auf einigen Fotos abstehende Haare bemerkt hat, oder sie möchte, dass ihre Zähne gebleicht werden oder dass Sie sie in Photoshop schlanker machen. Solche Bearbeitungen an

Hunderten von Fotos können unvorstellbar viele Stunden in Anspruch nehmen. Selbst wenn Sie noch so höflich erklären, dass Sie dieser Bitte aufgrund der dafür benötigten Arbeitszeit nicht nachkommen können, könnte dies das Ende Ihrer Kundenbeziehung bedeuten - ganz zu schweigen von negativen Kritiken auf Yelp.

Um solchen Vorkommnissen zu begegnen, die dem langfristigen Verkaufszyklus und Ihrer guten Kundenbeziehung einen Dämpfer verpassen könnten, stellen Sie sicher, dass Sie alle potenziellen Probleme sowohl mündlich als auch schriftlich ansprechen und sehr sorgfältig erläutern, wie Sie diese zur beidseitigen Zufriedenheit handhaben können. Wenn Sie eine vernünftige Lösung anbieten, sollten Ihre Kunden in der Regel Verständnis zeigen und zustimmen. Die Kunden müssen erkennen, dass Ihr Lösungsvorschlag ein Versuch ist, ihre Wünsche zu erfüllen und sie zufriedenzustellen, aber sie sollten dabei auch Ihren Standpunkt verstehen.

Die Kunden sind extrem skeptisch

Wir alle kennen schlimme Geschichten über Hochzeitsfotografen. Auch Porträtfotografen werden kritisiert, aber wegen des »einmaligen« Charakters einer Hochzeit scheinen Hochzeitsfotografen öfter ins Visier zu geraten. Kunden und Gäste achten auf Ihre Kleidung, darauf, was Sie sagen und nicht sagen, wie Sie Ihre Mitarbeiter behandeln, wie Sie mit der Hochzeitsgesellschaft sprechen, wie gut Sie bei der Hochzeit organisiert sind - sie bemerken einfach alles.

Wenn ein Paar seine Hochzeit plant, holt es sich Tipps von seinen zahlreichen frisch verheirateten Freunden. Diese wollen sich als erfahren und sachkundig im Umgang mit Hochzeitsdienstleistern darstellen und neigen deshalb natürlich dazu, dem Paar viele übertriebene Geschichten über ihre eigene Hochzeit zu erzählen. Der Großteil der »Hier müsst ihr aufpassen!«-Geschichten handelt entweder von der Veranstaltung selbst oder von Erfahrungen im Umgang mit dem Fotografen nach der Veranstaltung und vor der Auslieferung der gewünschten Produkte.

Eine besonders gefürchtete Unbekannte für Ihre Kunden ist die Zeitspanne nach dem Shooting, bis sie ihre Fotos tatsächlich erhalten. Wie werden die Bilder bearbeitet sein? Wird man Sie auch später noch problemlos erreichen können? Wie gehen Sie vor, um den Auftrag abzuschließen? Die Menschen kommen mit Sorge und Skepsis zu Ihnen, weil sie schon eine Menge schlimmer Geschichten gehört haben.

Um dieser verbreiteten Skepsis entgegenzuwirken, sollten Sie beim ersten Treffen nicht darauf warten, dass Ihre potenziellen Kunden ihre Bedenken äußern. Wenn Sie diese vorhersehen und entsprechende Fragen aus dem Stegreif beantworten können, um die Befürchtungen während des Gesprächs zu zerstreuen, dann können Sie auch damit viel Vertrauen aufbauen. Außerdem ist es sehr wichtig, alle Erörterungen zu Geldfragen und zur Betreuung der Kunden nach dem Shooting sehr leicht verständlich zu formulieren. Auch ein zehnjähriges Kind sollte Ihren Ausführungen folgen und Ihre Preisgestaltung sowie Ihren Geschäftsablauf nach dem Fotoshooting nachvollziehen können. Falls ein potenzieller Kunde Ihnen Fragen zu einem schwierigen oder anspruchsvollen Thema stellt, sollten Sie klare Antworten parat haben. Auf diese Fragen müssen Sie vorbereitet sein, sonst verstärken Sie die Zweifel noch und das Treffen wird am Ende ein Reinfall. Je mehr klare, leicht verständliche Antworten Sie geben können, desto besser. Stellen Sie sich vor, wie es wirkt, wenn ein Kunde Ihnen eine Frage zu einem Thema stellt, dem er skeptisch gegenübersteht, und dann sieht, wie Sie ins Schwimmen geraten und versuchen, sich eine Antwort auszudenken. Gar nicht gut. Seien Sie also von vornherein darauf vorbereitet, Zweifel sofort auszuräumen.

Die Kunden werden von Informationen erschlagen

Schließlich sollten Sie auch noch beachten, dass all die Wahlmöglichkeiten, Kombinationen, Pakete, Upgrades und Preise Ihre potenziellen Kunden möglicherweise völlig überfordern. Wenn Sie dies zu Ihrem Vorteil nutzen, indem Sie mit Klarheit und Einfachheit für frischen Wind sorgen, werden Sie konkurrenzlos sein! Komplizierte Preislisten und Erweiterungspakete sorgen nur für zusätzliche Zweifel und Verwirrung. Halten Sie sich deshalb an die folgenden Grundsätze.

Sauber

Mit »sauber« beziehe ich mich nicht nur auf Ihre Präsentationsweise und Preisstruktur. Ich meine auch Ihr Zuhause, Ihr Studio und vor allem die Toilette. Saubere Toiletten sollten eigentlich eine Selbstverständlichkeit sein, aber viele Fotografen sind so sehr damit beschäftigt, sich auf das Präsentationsmeeting vorzubereiten, dass sie die Toilette vergessen. Versetzen Sie sich in die Lage eines potenziellen Kunden – Was könnte abstoßender sein als eine schmutzige Toilette?

Einfach

Auch uns Fotografen können die zahlreichen Produktauswahlmöglichkeiten, die wir unseren Kunden bieten, mitunter überfordern. Besuchen Sie einfach eine Fotomesse und lassen Sie sich von der Fülle an Medien beeindrucken, von denen Ihnen nicht einmal bewusst war, dass man ein Foto darauf drucken könnte! Die Moral der Geschichte lautet: Machen Sie sich nicht die Mühe, aus hundert verschiedenen Albumcovern, zweihundert verschiedenen Rahmenvarianten oder zwölf Papiersorten auszuwählen und diese Auswahl an Ihre Kunden weiterzugeben. So selbstverständlich dies auch klingen mag – kommunizieren Sie Ihre gesamte Herangehensweise, Präsentation, Produktlinie und die Erweiterungspakete einfach und verständlich.

Ich biete nur drei Arten von Hochzeitsalbum-Einbänden an. »Graphistudio«, der Albenhersteller meiner Wahl, bietet endlose Möglichkeiten, aber für meinen Stil und meine Zielgruppe sind nur drei Optionen sinnvoll. Wenn ein Kunde mehr Auswahlmöglichkeiten möchte, kann er diese bekommen. Aber dann verkompliziert der Kunde selbst den Vorgang, nicht ich.

Transparent

Transparenz ist notwendig, um bei den Erwartungen an ein Fotoshooting Klarheit zu erhalten. Wenn Sie ein Familien-Fotoshooting bei Sonnenuntergang planen, damit Sie das Licht der goldenen Stunde nutzen können, und einige Familienmitglieder sich verspäten, dann werden Sie dieses sehr kleine Zeitfenster mit wundervollem Licht wohl verpassen. Bei Hochzeiten entlässt die Visagistin die Braut meist nicht zur vereinbarten Zeit. Machen Sie deutlich, wie sich solche Verzögerungen auf das Fotoshooting, das Licht und die von Ihren Kunden gewünschten Bilderserien auswirken können.

Und wenn Sie Ihren Kunden Bilder zeigen, die im Rahmen eines Workshops entstanden sind, weisen Sie sie klar darauf hin! Im Idealfall sollte Ihr Portfolio nur Aufnahmen aus echten Aufträgen mit all den damit verbundenen Zeitbeschränkungen und Herausforderungen enthalten. So wissen die Leute, was sie bei ihrem Fotoshooting oder ihrer Feier erwarten dürfen. Transparenz ist hier in Ihrem eigenen Interesse, sonst riskieren Sie, Ihre Kunden mit den gelieferten Bildern zu enttäuschen. Das Niveau der Arbeiten in Ihrem Portfolio sollte repräsentativ für einen Ihrer üblichen Kundenaufträge sein. Deshalb lege ich Wert darauf, Porträts und Hochzeitsbilder von unterschiedlichen Kunden zu zeigen, nicht nur von den »attraktivsten«. Ich zeige auch eine Vielzahl von Veranstaltungsorten und Locations. Die Menschen wollen die Realität Ihrer Arbeit und die daraus entstandenen Fotos sehen und keine Idealbedingungen, wo alles perfekt ist. Natürlich sollten Sie auch Ihre besten Arbeiten zeigen, aber zusätzlich eine Bandbreite Ihrer Leistungen bei den üblichen Bedingungen und Herausforderungen.

Mit dieser Transparenz hinsichtlich des von Ihnen erreichbaren Qualitätsniveaus verringern Sie nicht nur das Risiko, Ihre Kunden im Nachhinein zu enttäuschen, sondern Sie machen es den Kunden während des Treffens auch leichter, sich selbst in Ihren Fotos zu sehen. Das gehört immer mit zu meinen Zielen. Wenn sich die Kunden mit den Bildern identifizieren können, werden sie begeistert sein! Sehen dagegen all Ihre Brautpaare oder Kunden so aus, als hätten Sie sie direkt von einem Laufsteg der New

York Fashion Week geholt, dann werden sich Ihre Interessenten unbewusst minderwertig fühlen und nicht gerade versessen darauf sein, mit ihnen zu arbeiten.

Legen Sie ein ehrliches Verhalten an den Tag. Wirklich offene und ehrliche Menschen werden als vertrauenswürdig wahrgenommen – und ohne Vertrauen gibt es keinen Auftrag. Es ist sehr wichtig, die Fragen Ihrer Kunden ehrlich zu beantworten und Arbeiten zu zeigen, die wirklich repräsentativ für Sie als Fotograf und für Ihre Bilder in einem realen Arbeitsumfeld sind.

KAPITEL 9

DAS ERSTE KUNDENGESPRÄCH ZUM ERFOLG MACHEN

Sie haben nun einen guten ersten Eindruck bei Ihren künftigen Kunden hinterlassen und hoffentlich eine gute Beziehung zu ihnen aufgebaut. Sie haben ein herzliches Gespräch geführt und sich bereits vor dem Treffen in Ihre künftigen Kunden hineinversetzt.

Jetzt ist es an der Zeit, zur Sache zu kommen! Die Interessenten werden alles bewerten, was Sie sagen und vorzeigen, um herauszufinden, ob Sie gut zu ihnen passen. Dies gilt allerdings in beide Richtungen: Auch Sie haben jetzt die Chance, festzustellen, ob diese Kunden gut zu Ihnen und Ihrem Unternehmen passen. Wie viele andere Fotografen habe auch ich schon den Fehler gemacht, zu glauben, dass beim ersten Treffen nur die potenziellen Kunden den Fotografen beurteilen und herausfinden können, ob er für den Auftrag der Richtige ist. Nach einigen sehr harten Lektionen wurde mir dann klar, dass auch für mich nicht jeder Kunde infrage kommt. Ein boshafter Kunde kann Sie sehr teuer zu stehen kommen. Wenn er will, kann er Sie online und in seinem sozialen Umfeld zugrunde richten. Behalten Sie den folgenden Satz im Hinterkopf: »Ein einziger falscher Kunde genügt, um die jahrelange erfolgreiche Arbeit eines Porträt- oder Hochzeitsfotografen zu zerstören.«

Sie wünschen sich, dass Ihr hart erarbeiteter, tadelloser Ruf intakt bleibt. Ich habe jedoch schon Kunden erlebt, die Fotografen verklagen und so viele negative Kritiken veröffentlichen, dass sich der Fotograf nie wieder davon erholt hat.

Dieses Treffen ist also auch Ihre Chance, um festzustellen, ob dieser Kunde gut zu Ihnen passt. Falls nicht, dann wird das ganz offensichtlich sein – wenn Sie beim Treffen aufmerksam sind, werden Sie es instinktiv erkennen.

Vermeiden Sie überschwängliche Formulierungen und übertriebene Begeisterung

Was ist eine überschwängliche Formulierung? Angenommen, ein potenzieller Kunde fragt Sie bei der Besprechung zu einem Fotoshooting für einen Abschlussjahrgang am Gymnasium, ob Sie die Aufnahmen in einem bestimmten Park machen könnten. Eine überschwängliche Antwort auf diese Frage könnte lauten: »Dieser Park ist die absolut beste Wahl! Der ist wirklich toll und hat alles zu bieten!« Aber tatsächlich ist dieser Park nicht die beste Wahl, Sie finden ihn auch nicht wirklich toll, und natürlich hat er auch nicht alles zu bieten. Lügen Sie also? – Wenn wir jemandem gefallen wollen, ist es ganz natürlich, dass wir übertriebene Begeisterung für seine Worte, Kleidung oder Äußerungen zeigen – dadurch steigt die Wahrscheinlichkeit, dass er uns mag. Mit

dieser Taktik kommen Sie vielleicht einmal davon, aber wenn Sie zu überschwänglichen Formulierungen neigen, werden Sie schnell als unseriöser Heuchler wahrgenommen.

Stellen Sie sich vor, dass jemand Ihnen gegenüber so eine überzogene Wortwahl verwendet. Ihr Gehirn wird Warn- und Fluchtsignale senden. Hochzeitsfotografen sind dafür berüchtigt, in sozialen Medien wie Facebook und in anderen Online-Medien ihre Kunden überschwänglich zu preisen: »Ich habe gerade die Hochzeit des schönsten Paares überhaupt fotografiert! Das Brautkleid war wirklich umwerfend! Noch nie habe ich ein so verliebtes Paar wie Laura und Kevin gesehen! Ihre Hochzeitsfeier war einfach fantastisch! Ich kann es kaum erwarten, diese Bilder endlich zu bearbeiten!« Wie klingt das für Sie? Leicht überzogen, oder? Sie können sagen, dass Laura und Kevin ein wunderschönes Paar waren, aber vermeiden Sie die Behauptung, dass sie das allerschönste Paar waren. Solche Übertreibungen werden Ihnen letztendlich schaden.

Wenn potenzielle Kunden mit Ihnen über ihre Wahl der Hochzeitsplanerin oder der Location sprechen, ist es völlig in Ordnung, Begeisterung zu zeigen - aber sagen Sie genau, warum Sie begeistert sind. Zum Beispiel: »Oh, Sie heiraten im Beverly Hills Hotel? - Ich liebe die Gärten auf dem Hotelgelände, sie sind eine perfekte Kulisse für großartige Fotos Ihrer Hochzeit!« In diesem Fall sagen Sie genau, was Sie an dem Veranstaltungsort so begeistert. Das klingt viel glaubwürdiger, und so kommt das Gespräch auch auf Ihr Fachgebiet zurück - die Fotografie. Und weil Sie sagen, dass die Gärten tolle Fotomöglichkeiten für genau diese Hochzeit bieten, machen Sie klar, dass die Kunden von Ihrem Fachwissen und dem schönen Ort, den sie ausgewählt haben, profitieren werden. Jetzt sind Sie auf dem besten Weg zu einem erfolgreichen Verkaufsgespräch.

Wie profitieren die Kunden davon, Sie zu engagieren?

»Was habe ich davon?« – Genau das werden Ihre künftigen Kunden bei einem solchen Treffen automatisch denken. Sie sind auf dem richtigen Kurs, wenn Sie sich das immer vor Augen halten – bei allem, was Sie tun, sagen und zeigen. Egal, wie wundervoll Ihre Arbeiten sind: Eine reine Fotopräsentation ist für Ihr Gegenüber erstaunlich uninteressant. Nutzen Sie die folgenden Themen, um Ihr Gespräch in einzelne Stichpunkte zu gliedern und den Kunden zu zeigen, wie sie von Ihren Angeboten profitieren werden.

Ihr Stil

Wie kommt Ihr fotografischer Stil den Kunden zugute? Ist er modern, romantisch, innovativ oder zeitlos? Von welchen Aspekten Ihres Stils können Ihre Kunden insbesondere profitieren? Machen Sie die Vorteile deutlich.

Geht es um Porträtfotografie, muss ich den Kunden ein für sie verständliches Beispiel meines Stils geben. Deshalb erkläre ich ihnen, dass ich im Vanity-Fair-Stil fotografiere, aber zusätzlich den Schwerpunkt auf Zuneigung und Nähe zwischen den fotografierten Menschen lege. Je nachdem, mit wem ich spreche, könnte mein Gegenüber den Vanity-Fair-Look als kühl oder unnahbar empfinden. Aber wenn ich sage, dass ich in meinen Fotos gerne Romantik, Nähe und authentische Gefühle vermittle, dann begreifen die Kunden, was ich meine. Falls sie den Bezug gar nicht verstehen, erkläre ich ihnen, dass ich Ganzkörperaufnahmen von Menschen in entspannter, aber selbstbewusster Pose bevorzuge und dass ich mich sehr darum bemühe, einen Ausdruck festzuhalten, der wirklich zur Person passt, statt eines aufgesetzten Lächelns für die Kamera.

Geht es um Hochzeitsfotografie, mache ich sehr deutlich, dass mein Stil eine moderne Interpretation echter Romantik ist. Die moderne Wirkung meiner Fotos erziele ich durch starke Linien, Schatten und eine kreative erzählerische Bildkomposition. Für den romantischen Aspekt achte ich auf weiche Farbkombinationen, stimmungsvolle Beleuchtung und Locations, die den Fotos ein romantisches Flair verleihen.

Ihr Ansatz

Welchen individuellen Ansatz verfolgen Sie selbst? Können Sie ihn klar beschreiben? Wie leiten Sie Ihre Kunden an? Welches Ziel verfolgen Sie beim Porträtieren von Menschen? Diese Fragen sollten Sie sich stellen und dann eine Liste mit Ihren Antworten und deren Nutzen für die Kunden erstellen. Angenommen, ich spreche mit einem Porträt- oder Hochzeitskunden über meine Arbeitsweise beim Posing. Dann sage ich ihm, dass ich meine Erfahrung nutze, um entweder Hilfestellung zu geben und Korrekturen vorzunehmen, oder dass ich manchmal auch bewusst nichts sage, um die Authentizität des Augenblicks nicht zu zerstören. So können sich die Kunden darauf verlassen, dass ich sie stets auf authentische, aber auch schmeichelhafte Weise porträtiere. Bei Fotoshootings möchte jeder gut aussehen. Der Kunde verlässt sich auf das Können des Fotografen, der ihn bei Bedarf beim Posing unterstützt. Aber er befürchtet

zugleich, dass der Fotograf nichts von Posing verstehen oder es damit übertreiben könnte. Für die meisten Kunden ist das eine echte und berechtigte Sorge. Wenn Sie ihnen erklären, dass Sie nur im Bedarfsfall dezente Korrekturen an der Körperhaltung vornehmen, dann fühlen sie sich bei der Zusammenarbeit mit Ihnen gleich viel wohler.

Ihre Preisgestaltung

Mit der Preisgestaltung beschäftigen wir uns eingehend in den nächsten Kapiteln. Dann legen Sie eine Preisstruktur fest, die für Ihre Kunden leicht nachvollziehbar ist. Vermeiden Sie alle verwirrenden oder unerwarteten Kostenblöcke oder manipulativen Strategien zur Umsatzsteigerung. Das sind Sie Ihren Kunden schuldig, und diese werden Ihnen im Gegenzug vertrauen und genau wissen, wofür und wie viel sie bezahlen.

Ihre Erfahrung

Erfahrung ist subjektiv – das ist ein wichtiger Punkt. Falls Sie noch nicht so viel Erfahrung als Fotograf haben, können Sie den Schwerpunkt verlagern und über Ihre Erfahrungen und Kenntnisse zu dem vom Kunden gewählten Veranstaltungsort sprechen. Wenn Sie die Location nicht kennen, konzentrieren Sie sich auf Ihre Erfahrungen mit dem Fotografieren von Menschen, Ihren fotografischen Stil und Ihre Arbeitsweise.

Wenn Sie viel Erfahrung haben, nutzen Sie sie, um die Befürchtungen Ihrer Kunden zu zerstreuen. Dann können diese sich entspannen, und sie wissen, dass sie bei Ihnen gut aufgehoben sind. Sie könnten zum Beispiel über Ihre Erfahrungen mit dem Fotografieren bei praller Sonne, bei Regen oder auf Hochzeiten in besonderen Locations sprechen. Zeigen Sie, dass Sie wirklich jeder möglichen Herausforderung gewachsen sind. Das ist im Verkaufsgespräch Gold wert!

Ihre aufrichtige Begeisterung

Ob Sie es glauben oder nicht: Wenn Sie echten Enthusiasmus zeigen, wird sich dieser auf Ihre Kunden und die Zusammenarbeit mit Ihnen übertragen. Sind Sie wirklich begeistert davon, bei der Veranstaltung oder an dem Porträtshooting Ihrer Kunden zu arbeiten, dann sind Sie auch motiviert, Mehraufwand zu leisten, hart zu arbeiten und Ihr Bestes zu geben. Wer wünscht sich das nicht von seinem Fotografen? Ihre Begeisterung muss aber echt sein! Sollte das nicht der Fall sein, dann spielen Sie diese Karte lieber nicht.

Ihr technisches Können

Nicht jeder Fotograf betrachtet sich selbst als technisch herausragend, aber falls dies auf Sie zutrifft, könnte es ein großer Pluspunkt für Ihre Kunden sein. Sie müssen natürlich in der Lage sein, Ihr Fachwissen zu vermarkten. Mit fundiertem Wissen über Ihre Ausrüstung, etwa über die Möglichkeiten Ihrer Kamera oder Ihres Blitzes, werden Sie technisch jede Herausforderung meistern.

Besser noch: Das technische Wissen über Ihre Ausrüstung macht Sie auch zu einem vielseitigeren Künstler. Auch mit minimaler Ausrüstung können Sie wunderschöne und meisterhafte Bilder fotografieren, aber um vielfältige Looks zu erzielen, müssen Sie zweifellos in das Reich der Blitze, Lichtformer und anderer Gadgets für Spezialeffekte vordringen. Wenn Sie zu den Fotografen gehören, die beides beherrschen, werden potenzielle Kunden erkennen, wie sehr ihnen Ihre Fähigkeiten nutzen können.

Ihre Flexibilität

Diese Qualität wird oft unterschätzt. Für die Kunden kann es ein Schock sein, festzustellen, dass der sorgsam ausgewählte Fotograf während des Fotoshootings oder der Veranstaltung völlig in seiner Standardprozedur festgefahren ist und sich nicht dazu bewegen lässt, ihre Wünsche zu erfüllen.

Wie wäre es hingegen, wenn Ihre Kunden erfahren, dass Sie einigen ihrer Fotowünsche gerne entgegenkommen, auch wenn das vielleicht nicht Ihre übliche Vorgehensweise ist? Ihre Flexibilität ist ein wertvolles Verkaufsargument. Warten Sie nicht darauf, dass Ihre Kunden die Vorteile Ihrer Flexibilität verstehen, sondern sprechen Sie dieses Thema selbst an. Ein Mangel an Flexibilität könnte bei der engen zeitlichen Taktung einer Hochzeit problematisch werden, und das wäre auch zu Ihrem Nachteil. Sind Sie aber flexibel und bereit, den vorgeschriebenen Zeitplan einzuhalten, werden Ihre Kunden und insbesondere auch die Hochzeitsplanerin das sehr schätzen. Vergessen Sie jedoch nicht, realistisch darzustellen, wie sich ein enger Zeitplan auf Ihre fotografische Arbeit auswirken wird.

Ihre Persönlichkeit

Fotograf und Kunde sollten menschlich gut zusammenpassen. Wie ich bereits erwähnt habe, gilt dies in beide Richtungen: Wenn Sie das Gefühl haben, dass Sie nicht gut zu einem möglichen Kunden passen, ist es in Ordnung, sich von dem Auftrag zu distanzieren. Erklären Sie in so einem Fall höflich und aufrichtig, dass Sie unsicher sind, ob Sie gut zusammenpassen, und dass es Ihre Priorität ist, einen aus Kundensicht optimalen Ablauf von Fotoshooting oder Hochzeit sicherzustellen. Wenn beiden Parteien klar ist, dass sie nicht gut zusammenpassen, wird auch die Gegenseite darüber erleichtert sein.

Falls die Chemie dagegen wirklich stimmt, haben Sie natürlich ein wichtiges Verkaufsargument. Die persönliche Ebene ist deshalb so wichtig, weil beim Fotografieren die Menschen vor der Kamera verletzlich sein müssen. Wenn es um ein Fotoshooting oder einen Teil ihres wichtigsten Tages geht, müssen die Kunden dem Fotografen Eingang in ihr Privatleben gewähren. Intuitiv wollen sie lieber mit jemandem arbeiten, der ihnen wie ein Freund erscheint. Würde Ihnen das nicht auch so gehen?

ABBILDUNG 9.1 Vorher

ABBILDUNG 9.2 Nachher

Zeigen Sie den potenziellen Kunden Vorher/ Nachher-Kontraste

Wir alle kennen die alte Redensart: »Lasst Taten sprechen!« Ich entgegne jedoch: Tun Sie das nicht.

In einer romantischen, idealen Welt, ja - da sprechen die Fotos für sich. Aber in der Realität können Fotos nicht sprechen. Sie als Fotograf jedoch können und sollten kommunizieren. Diese Lektion habe ich sehr mühsam lernen müssen. Bevor ich wusste, wie ich Kontraste in meiner Präsentation nutzen kann, bin ich eine Zeitlang so vorgegangen wie die meisten Fotografen: Ich habe einfach meine Arbeiten gezeigt. Ich präsentierte meine wundervollen Fotodrucke in stilvoll breiten, weißen Passepartouts. Zu meiner Überraschung schien diese Herangehensweise keine große Wirkung zu erzielen. Tatsächlich langweilten sich die Leute bei unseren Treffen offensichtlich. Sie ertrugen meinen Vortrag höflich, aber es kam mir ständig so vor, als dächten sie: »Können wir bitte weitermachen?« Wie konnte das sein? War meine Arbeit so schlecht, dass ich sie damit zu Tode langweilte?

Nachdem ich lange Zeit Schwierigkeiten hatte, Aufträge zu bekommen, erkannte ich, dass nicht meine Arbeit dafür verantwortlich war, sondern dass ich es versäumt hatte, potenziellen Kunden Perspektiven aufzuzeigen! Denn ohne Perspektive - oder Kontrast - gibt es keinen Bezugspunkt. Höchstwahrscheinlich sind die Leute, die vor Ihnen sitzen, keine Fotografieexperten, sondern ganz normale Menschen mit normalen Jobs. Ohne irgendeine Perspektive sind die Fotos, die Sie ihnen zeigen, nur Bilder von Fremden. Wer möchte schon einen solchen Vortrag über sich ergehen lassen?

Zeigen Sie den Interessenten dagegen die gewöhnliche, alltägliche Szene, in der Sie gearbeitet haben, und dann das Endergebnis, dann hellen sich ihre Gesichter vor Staunen auf. Auf diese Weise zeigen Sie ihnen einen Kontrast und geben ihnen eine Perspektive - Sie zeigen ihnen, wozu Sie in der Lage sind. Dieses positive, beeindruckte Gefühl werden Ihre Kunden natürlich mit Ihren Fähigkeiten assoziieren, und ihnen werden die Vorzüge einer Zusammenarbeit mit Ihnen klar. Sehen wir uns einige Beispielbilder an, wie ich sie bei Treffen mit meinen potenziellen Kunden zeige.

Abbildungen 9.1 und 9.2: Wenn ich diese Vorher/Nachher-Aufnahmen zeige, betone ich meine Fähigkeit, ein schönes Foto zu schaffen, das in einem bestimmten Szenario nicht das offensichtlichste Bild ist. Bei diesem Beispiel hätten die meisten Leute direkt auf die Treppe geschaut und ein Foto des Paares beim Auf- oder Abstieg gemacht. Der Schatten und die rechteckigen Lichtfelder auf dem Boden veranlassten mich jedoch zu dem monochromen Foto der Braut. Hätte ich nur das monochrome Foto gezeigt, dann wäre es einfach als ein schönes Foto der Braut wahrgenommen worden. Aber wenn die Interessenten sehen, wie ich diesen Ort genutzt habe, dann beginnen sie

ABBILDUNG 9.3 Vorher

ABBILDUNG 9.4 Nachher

zu verstehen, warum sie mehr Geld für einen hochqualifizierten Hochzeitsfotografen ausgeben sollten.

Abbildungen 9.3 und 9.4: Mit diesen beiden Bildern zeige ich, dass ich durch meine Posing-Erfahrung ein viel vorteilhafteres Foto der Schwester machen kann, die der Braut beim Ankleiden assistiert. Manchmal haben die Kunden eine falsche Vorstellung davon, was Posing bedeutet, und bitten mich darum, keine gestellten Bilder zu fotografieren. Aber wenn sie diese beiden Fotos sehen, erkennen sie die Vorteile eines Fotografen, der Posing auf hohem Niveau beherrscht. Ihnen wird dann klar, dass sie auf ihren Fotos besser aussehen werden, wenn ihr Fotograf es versteht, im richtigen Moment die nötigen Verbesserungen an der Pose vorzunehmen. Denn schließlich möchte jeder auf den eigenen Bildern attraktiv wirken.

Abbildungen 9.5 und 9.6: Ich zeige diese beiden Fotos, weil es sowohl bei Hochzeiten als auch bei Familienporträts für die meisten Menschen etwas ganz Besonderes und Wichtiges ist, ihre Großeltern dabeizuhaben. Hier wird deutlich, wie meine Bereitschaft, mich besonders für meine Kunden einzusetzen, eine mürrische in eine fröhliche Großmutter verwandelt hat. Das zweite Foto ist eine fantastische Aufnahme vom Bräutigam und seinem Bruder, die ihre Oma auf beide Wangen küssen – wobei die Großmutter das glücklichste Lächeln zeigt, das man sich vorstellen kann.

Nun verstehen Sie, wie diese Vorher/Nachher-Fotos Ihre potenziellen Kunden beeinflussen können. In nur drei Bildpaaren habe ich vorgeführt,

- was ich an einem gewöhnlichen Ort mit normalem Licht erreichen kann,
- wie ich meine Kunden beim Posieren so anleiten kann, dass schmeichelhafte Fotos von ihnen entstehen, und
- wie ich bei Fotoshootings oder Hochzeiten aus einem öden Moment eine schöne Erinnerung mit den Angehörigen machen kann.

Versuchen Sie nun einmal, sich nur die endgültigen Fotos ohne die Vorher-Fotos vorzustellen. Das wirkt nicht ganz so überzeugend, oder? Deshalb sage ich noch einmal:

ABBILDUNG 9.5 Vorher

ABBILDUNG 9.6 Nachher

Lassen Sie Ihre Arbeit nicht für sich selbst sprechen! Besprechen Sie stattdessen Ihre Arbeit und bringen Sie Ihren Kunden die Vorteile Ihrer Fähigkeiten nahe.

Bei einem echten Kundengespräch halte ich etwa 30 dieser Beispiel-Bildpaare bereit. Sie sind nach Situationen sortiert. Wenn ein Kunde fragt »Was ist, wenn es regnet?«, dann zeige ich meine Vorher/Nachher-Fotos bei Regen. Fragt der Kunde »Was ist, wenn die Sonne scheint und es keinen Schatten gibt?«, dann hole ich meine Vorher/Nachher-Fotos mit starkem Sonnenlicht heraus. Sogar meine Hochzeitsalben sind danach sortiert, wie viel Zeit ich für die Vorbereitungs- und die Paarfotos zur Verfügung hatte.

Diese Form der Präsentation ist sehr wirkungsvoll. Die Bildpaare liefern den Beweis, dass Sie über die Fähigkeiten verfügen, die den Kunden wichtig sind und für die sie zu zahlen bereit sind. Zu behaupten, dass Sie über bestimmte Fähigkeiten verfügen, ist das eine - der konkrete Beweis, dass Sie diese Fähigkeiten tatsächlich besitzen, das andere. Menschen lassen sich von Beweisen überzeugen.

Skizzieren Sie für Ihre potenziellen Kunden einen Plan auf Google Earth

Wenn Sie einen Ablaufplan für das Fotoshooting oder die Hochzeit eines potenziellen Kunden ausarbeiten, fühlen sich alle Beteiligten einbezogen. Und wenn die Interessenten erst einmal das Gefühl haben, gemeinsam mit Ihnen einen Plan zu verfolgen - warum sollten sie sich dann noch die Mühe machen, sich mit anderen Fotografen zu treffen? Bei jedem anderen Treffen werden sie den Eindruck haben, ganz von vorne beginnen zu müssen, und das wollen sie in den meisten Fällen eher vermeiden.

Die Google-Earth-Strategie für Fotoshootings war für mich äußerst erfolgreich, und ich hoffe, dass sie Ihnen ebenso nützlich sein wird. Sie können sie für Porträts von Schulabsolventen, Familienfotos, Verlobungen oder Hochzeiten einsetzen - die Art des Fotoshootings spielt keine Rolle. Wenn Sie sich einen schlüssigen Plan ausgedacht haben, werden Sie als vertrauenswürdiger und professioneller Fotograf wahrgenommen. Die Kunden sind ziemlich beeindruckt, wenn Sie ihn präsentieren, weil das wahrscheinlich bisher noch niemand gemacht hat. Nun zeige ich Ihnen, wie ich meinen Google-Earth-Plan präsentiere.

Abbildung 9.7: Bereits vor dem Treffen habe ich Google Earth gestartet. Es läuft auf meinem Laptop stets einsatzbereit im Hintergrund. Meistens weiß ich schon, wo das Fotoshooting stattfinden wird, also habe ich bereits Karten mit Markierungen vorbereitet. Natürlich verändere ich den Plan immer in Gegenwart der Kunden, während wir eine zu ihren Orts- und Zeitvorgaben passende gemeinsame Strategie entwickeln.

Abbildung 9.8: Wenn Sie sich mit potenziellen Hochzeitskunden treffen und den Veranstaltungsort kennen, markieren Sie den Ort, an dem meistens die Trauungszeremonien stattfinden (wie hier gezeigt). Der Trauungsort dient als Fixpunkt, denn die Braut wird wissen, wo sich dieser im Verhältnis zu den übrigen Schauplätzen des Veranstaltungsorts befindet. Das ist mein Startpunkt. Bei Porträt- oder Familienfotos gehe ich vom Parkplatz aus.

Abbildung 9.9: Anschließend markieren Sie geeignete Stellen für weitere Fotos – beispielsweise eine Location in der Nähe der Trauungsstätte, an der ich mit dem Himmel als Hintergrund ein paar schöne Aufnahmen von dem Paar machen möchte, das den Küstenpfad entlanggeht. Der Himmel muss hier deshalb den Hintergrund bilden, weil das Meer so weit unten ist, dass es auf den Fotos nicht sichtbar wäre. Diese Location dürfte mir viel Platz bieten, mich zu bewegen und abwechslungsreiche Fotos zu machen.

Abbildung 9.10: Am markierten Aussichtspunkt, dem sogenannten »Long Point«, könnte ich das Paar von oben aufnehmen, wenn ich auf dem Hügel rechts stehe. Das ist ein großartiger Blickwinkel auf das Paar, mit freier Sicht auf das Meer im Hintergrund.

Abbildung 9.11: Wenn die Zeit es erlaubt und wir vorab einen Golfwagen organisieren, könnten wir schließlich direkt auf den Strand zu den Felsen fahren, um dynamische Fotos mit den gegen die Felsen krachenden Wellen als Hintergrund zu machen. Hier könnten wir auch einige amüsante Reaktionen des Paars festhalten, wenn das Wasser auf die Felsen prallt.

Stellen Sie sich nun vor, Sie wären der potenzielle Kunde und hätten bei Ihrem Treffen mit dem Fotografen diesen Schlachtplan in Google Earth ausgeheckt. Sie haben über die tollen Möglichkeiten dieser Location geplaudert und können sich vorstellen, wie Sie auf den Fotos aussehen werden, und alles ist sehr aufregend – Sie können es kaum erwarten! Erkennen Sie, wie wirkungsvoll diese Planungstechnik sein kann? Würden Sie sich danach überhaupt noch mit einem anderen Fotografen treffen wollen? Einem überforderten potenziellen Kunden bringt ein solcher Shooting-Plan die dringend benötigte Klarheit in einem sonst chaotischen Planungsprozess. Ob Sie dem Plan dann folgen oder nicht – Sie haben zumindest einen. Und wenn man Sie beauftragt, kann dieser Plan bis zum eigentlichen Shooting-Termin immer noch jederzeit geändert werden.

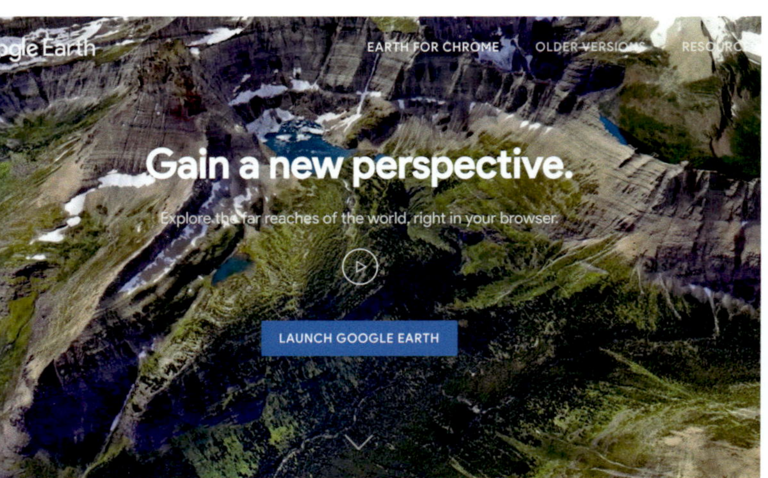

ABBILDUNG 9.7

ABBILDUNG 9.8

ABBILDUNG 9.9

ABBILDUNG 9.10

ABBILDUNG 9.11

Verbinden Sie Fotodrucke mit positiven emotionalen Geschichten

Fotos von Unbekannten können noch so schön sein - potenziellen Kunden fällt es mitunter dennoch schwer, eine echte Beziehung zu den Bildern aufzubauen. Wenn sie jedoch eine berührende Geschichte über die Menschen auf dem Foto hören, wird dieses lebendig! Die Geschichte, die Sie zu einem Bild erzählen, schafft eine emotionale Verbindung zwischen dem eigentlichen Foto und und seinen Betrachtern.

In meinem Buch »Perfekte Hochzeitsreportagen mit System« habe ich das Konzept der emotional wichtigen Personen (EWP) vorgestellt. Bei jedem Fotoshooting, an dem Großeltern, Kinder, Eltern, Geschwister, Haustiere usw. teilnehmen, nutzt man dieses Konzept am besten, indem man positive Geschichten über Freude, Zärtlichkeit, Überraschungen, kostbare Gegenstände, Schönheit und außergewöhnliche Umstände mit Fotos von EWPs verbindet. Kurz gesagt: Sie verknüpfen emotional aufgeladene positive Momente mit den Menschen, die dem Kunden am wichtigsten sind. Wenn sich eine Geschichte um einen beliebigen Hochzeitsgast dreht, wird sie für potenzielle Kunden, die sich das Foto ansehen, kaum emotionales Gewicht haben. Beinhaltet die Geschichte hingegen EWPs, entfaltet sie viel mehr Wirkung.

Beachten Sie, dass ich hier keine traurigen oder bedrückenden Geschichten erzähle. Negativ aufgeladene emotionale Geschichten sind deprimierend. Niemand möchte sich bei einem Treffen schuldig, traurig, wütend oder emotional aufgewühlt fühlen. Deshalb haben alle meine Geschichten einen positiven Unterton. Sehen wir uns ein paar Beispiele an.

Abbildungen 9.12–9.14: Für viele Menschen gehören ihre Haustiere ebenso zur Familie wie ihre Geschwister. Manche behaupten, dass sie ihre Haustiere mehr lieben als ihre Familienmitglieder! Hier in Los Angeles nehmen die Leute ihre Haustiere sehr wichtig, manchmal erschreckend wichtig. Sie investieren Tausende von Dollars in Partys für ihre Hunde - das ist kein Scherz! Mit diesen Informationen über meine Zielgruppe ausgestattet, zeige ich immer auch solche Fotos. Ich erzähle potenziellen Kunden, dass dieser Hund Joe heißt und nur ein Auge hat. So hat es uns alle amüsiert, immer die notwendigen Vorkehrungen zu treffen, dass sein intaktes Auge der Kamera zugewandt ist. Die Zuhörer finden diese Geschichte urkomisch, weil sie sich damit identifizieren können! Und nicht nur das: Wenn Sie Ihren Kunden diese Geschichte erzählen, wird ihnen klar, dass Sie sich große Mühe geben werden, tolle Fotos von ihren geliebten Haustieren zu machen. Für viele Menschen - zumindest dort, wo ich arbeite - reicht das aus, um Sie vom Fleck weg zu engagieren.

Abbildungen 9.15 und 9.16: Wenn ich die Geschichte dieser beiden Fotos erzähle, betone ich, dass ich mich bei jeder Hochzeit danach sehne, schöne Momente wie diesen festzuhalten! Als die Mutter der Braut den Raum betrat, um ihrer Tochter bei den letzten Handgriffen bei Kleid und Schleier zu assistieren, überkam beide plötzlich eine Flut von Emotionen. Es ging alles sehr schnell! Ich erkläre potenziellen Kunden, dass die Erfahrung es mit sich bringt, für Momente wie diesen bereit zu sein. Ich bin sehr froh, dass ich diesen wunderbaren Moment zwischen der Braut und ihrer Mutter

ABBILDUNG 9.12

ABBILDUNG 9.13

ABBILDUNG 9.14

festhalten konnte. Zu den künftigen Kunden sage ich etwa: »Ist Ihnen aufgefallen, dass ich als erfahrener Hochzeitsfotograf auch diesen Moment einfangen konnte, obwohl er ganz überraschend kam?« Auch hier gilt: Lassen Sie Ihre Fotos nicht für sich selbst sprechen. Sprechen Sie selbst, denn wenn Sie Ihre Arbeit erklären, bringt Ihnen dies lukrativere Aufträge.

ABBILDUNG 9.15

ABBILDUNG 9.16

Abbildungen 9.17 und 9.18: Dies ist einer meiner Dauerfavoriten unter all den Momenten, die ich jemals bei einer Hochzeit eingefangen habe. Der Bräutigam wusste nicht, dass die Braut seinen Lieblings-Popstar vom anderen Ende der Welt einfliegen ließ, damit dieser auf der Hochzeit auftreten würde. Der Bräutigam glaubte, dass der DJ für ihren ersten Tanz einfach einen Song seines Lieblingssängers spielen würde. Bei der Feier wurden Braut und Bräutigam zu ihrem ersten Tanz aufgerufen, und der ahnungslose Bräutigam betrat die Tanzfläche und tanzte zur Musik seines Lieblingskünstlers. Als er dann endlich zur Bühne blickte, sah er den echten Popstar live spielen! Natürlich wusste ich nicht, wann der Bräutigam merken würde, dass der Gesang tatsächlich vom Künstler stammte. Deshalb musste ich jederzeit bereit sein, seine Reaktion einzufangen – komme, was da wolle. Dies war einer der besten Momente überhaupt! Die Braut hatte eine Menge Aufwand betrieben, um den echten Popstar zu engagieren, und sie vertraute mir die verantwortungsvolle Aufgabe an, die Reaktion des Bräutigams einzufangen. Diese Geschichte vermittelt den potenziellen Kunden, dass sie mir in solchen bedeutsamen Momenten vertrauen können. Sie können sich entspannen und ihre Hochzeit ohne die geringste Sorge genießen, dass ich etwas Wichtiges verpassen könnte.

ABBILDUNG 9.17

Ich kann Ihnen Hunderte von Geschichten von den besten Momenten erzählen, die ich in den letzten fünfzehn Jahren auf Hochzeiten festgehalten habe. Bei Ihren Treffen mit potenziellen Kunden sollten Sie diejenigen Fotos zeigen, die Ihre besten Momente vermitteln. Planen Sie, wie Sie die Geschichte erzählen wollen. Beschränken Sie sich in dieser Disziplin aber auf maximal acht Fotos, damit es nicht übertrieben wirkt. Wählen Sie sorgfältig aus, und Sie werden einen Volltreffer landen!

Von Anfang an realistische Erwartungen wecken

Ich kann mit Gewissheit sagen, dass die meisten Enttäuschungen für den Kunden – in jedem Bereich der Fotografie – daher rühren, dass der Fotograf nicht von Anfang an realistische Erwartungen geweckt hat. Denken Sie immer daran. Sie können der beste Fotograf des Universums sein oder ein Anfänger, der gerade seine ersten Erfahrungen sammelt – dieses Prinzip gilt unabhängig von Ihrem Entwicklungsstand.

ABBILDUNG 9.18

Nach dem lang ersehnten Fotoshooting und der quälend langen Wartezeit, bis der Fotograf die Fotos ausgewählt, bearbeitet und endlich geliefert hat, werden Ihre Kunden

- manche Fotos lieben,
- manche Fotos mögen,
- manchen Fotos gleichgültig gegenüberstehen,
- gegen manche Fotos eine Abneigung hegen und
- manche Fotos hassen.

In den Augen Ihrer Kunden fallen die von Ihnen gelieferten Fotos jeweils in eine dieser Kategorien. Und je länger Sie sie warten lassen, bis sie die Fotos zum ersten Mal sehen, desto mehr Bildern werden sie Gleichgültigkeit oder Abneigung entgegenbringen oder sie sogar hassen. Wenn Sie schnell arbeiten und die Fotos früher als erwartet liefern, wird sich das also zu Ihren Gunsten auswirken. Die Kunden sind dann noch immer begeistert vom Fotoshooting, sofern es ein schönes Erlebnis war, und betrachten die Fotos als Ergebnis dieser tollen Erfahrung und in einer positiven Gesamtperspektive.

Wenn Sie die Kunden länger warten lassen als geplant, werden diese die unrealistische Hoffnung hegen, dass Sie in dieser langen Zeit bei der Bearbeitung Ihre ganze Kunst entfalten und die Fotos sie vollkommen überwältigen werden, wenn sie sie dann endlich zu Gesicht bekommen. Dieses Gefühl der Vorfreude hält einige Zeit an, um dann immer mehr in Unmut überzugehen. Und wenn sie dann zum ersten Mal die Bilder sehen, werden sie diese viel weniger positiv beurteilen. Das müssen Sie um jeden Preis vermeiden. Delegieren Sie den Bearbeitungsprozess oder behandeln Sie die erste Bildlieferung nach dem Shooting mit einer gewissen Dringlichkeit.

Ich lege Wert darauf, potenziellen Kunden zu erklären, dass sie – unabhängig davon, wie qualifiziert ich sein mag oder nicht, wie erfahren oder unerfahren ich bin und wie hart ich auf ihrer Veranstaltung oder bei ihrem Fotoshooting gearbeitet habe – immer einige Fotos lieben und einige andere hassen werden, natürlich mit allen denkbaren Zwischenabstufungen. Meine Erfahrung und mein Können steigern auf jeden Fall die Chancen, dass die Kunden sich in mehr Fotos verlieben werden, aber es ist nicht auszuschließen, dass einige der Bilder in die negativen Kategorien fallen werden. Das Ziel ist, einen wesentlich höheren Prozentsatz positiv wahrgenommener Fotos zu erzielen als negativ beurteilter.

Aber bei jedem Shooting – ganz gleich, wer hinter der Kamera steht – werden Bilder aus allen fünf Kategorien anfallen. Es ist unsere Aufgabe und Verantwortung, im Kunden realistische Erwartungen zu wecken. Wenn Ihnen dies gelingt, werden die Kunden das Fotoshooting nicht als Fehlschlag empfinden, wenn sie einige der Fotos nicht mögen oder gar hassen. Sie werden einfach verstehen, dass das völlig normal ist und zu jedem Fotoshooting gehört.

Der richtige Zeitpunkt für das unvermeidliche Gespräch über Geld

Eine kurze Anmerkung dazu, wann das Gespräch über die Preise eingeleitet werden sollte: Wir Menschen erinnern uns an Ankerpunkte. Ankerpunkte sind Momente, die entweder viel Gehirnleistung erfordern oder starke emotionale oder visuelle Reaktionen auslösen. Beispielsweise erinnert man sich normalerweise an den Beginn und das Ende von Besprechungen. Zu Beginn einer Besprechung beurteilen sich beide Parteien gegenseitig und versuchen, sich ein Bild vom jeweiligen Gegenüber zu machen. Da dies mehr Gehirnleistung erfordert, wird es zu einem Ankerpunkt.

Auch das Gespräch über Geld bildet einen Ankerpunkt - nur, dass Sie die Ankerwirkung in diesem Fall so weit wie möglich abschwächen wollen. Wie gelingt Ihnen das? Nun, erstens sollte das Thema Geld irgendwo in der Mitte Ihrer Präsentation angesprochen werden. Und zweitens wissen wir, dass Ankerpunkte durch den Bedarf an Gehirnleistung zu solchen werden. Deshalb sollten Sie Ihre Preisstruktur so leicht verständlich und durchschaubar wie möglich machen. Dadurch minimieren Sie ihre Ankerpunktwirkung.

TEIL DREI

SO VERDIENEN SIE GELD

KAPITEL 10

PREISBILDUNG MIT SYSTEM – ODER DER EMPFUNDENE WERT

Was ist Ihre Hochzeitsfotografie wert und welche Preis- und Qualitätsstufen sollten Sie anbieten?

Sollten Sie dieses Kapitel lesen?

Mit diesem Kapitel möchte ich vor allem Hochzeitsfotografen helfen, ein großes Problem zu lösen, mit dem ich seit Beginn meiner Laufbahn konfrontiert bin. Auch Porträtfotografen kennen dieses Dilemma, aber in erster Linie richte ich mich hier an Hochzeitsfotografen.

Das Problem besteht darin: Egal, wie hoch wir bezahlt werden oder welchen Wert unsere Kunden unserer Arbeit beimessen, wir wollen sie stets beeindrucken und bieten ihnen daher die gesamte Palette zum Schnäppchenpreis. Es ist tief in unserer Künstlerseele verwurzelt, dass wir alles verschenken wollen. Wir lieben unsere Arbeit eben einfach, nicht wahr?

Viele von uns verbringen absurd viel Zeit mit der Nachbearbeitung, rackern sich am Computer ab und korrigieren auf über 600 Fotos jede einzelne Hautunreinheit und auch alles weitere! Wir verlieben uns in die prächtigsten Hochzeitsalben auf dem Markt und bieten sie unseren Kunden feil, obwohl sie uns ein kleines Vermögen kosten. Und warum? Weil wir unsere Arbeit bestmöglich präsentiert sehen wollen – ganz egal, wie stark das den Gewinn beeinträchtigt.

Ich hoffe, dass Sie nach der Lektüre dieses Kapitels umsichtiger entscheiden, welche Produkt-Qualitätsstufe Sie Ihren Kunden anbieten, und die Nachbearbeitungszeit daran bemessen, wie hoch Ihre Kunden den Wert Ihrer Arbeit einordnen.

Wert und Preis

In der Hochzeitsfotografie gibt es einen großen Unterschied zwischen Wert und Preis. Das sind zwei ganz verschiedene Konzepte, wie die beiden folgenden Beispiele zeigen:

- Ein fotoaffiner Auftraggeber wird einen höheren Prozentsatz seines gesamten Hochzeitsbudgets für die Beauftragung eines Fotografen ansetzen.
- Ein wohlhabender, aber nicht so fotoaffiner Auftraggeber wird wahrscheinlich einen höheren Geldbetrag für das Fotografieren der Hochzeit ausgeben. Für ihn ist das jedoch nur ein kleiner Betrag, der den geringen Wert widerspiegelt, den

er dem Thema »Hochzeitsfotografie« beimisst. Deshalb sollte der letzlich für das Fotografieren der Hochzeit entrichtete Preis nicht als Maßstab dafür dienen, welche Art von Hochzeit Sie fotografieren.

Wirklich entscheidend ist, dass der Markt für Hochzeitsfotografie durch den *Wert gesteuert wird, den die Kunden den Fotos beimessen.* Mit dieser Erkenntnis und diesem Ansatz können Sie die Bedürfnisse, Wünsche, Erwartungen und Prioritäten Ihrer Kunden besser verstehen.

Es gibt drei wichtige Geschäftsmodelle, die Sie als Hochzeitsfotograf umsetzen können – ich unterteile sie in verschiedene Segmente. Denken Sie daran, dass Sie in allen dreien ein hoch profitables Geschäft betreiben können, keines der Modelle ist besser als die anderen. Es ist ein großer Irrglaube, dass Sie als Fotograf umso erfolgreicher sein müssten, je höher das Hochzeitsbudget ist. Es besteht keinerlei Zusammenhang zwischen der Art der fotografierten Hochzeit und Ihrem Gewinn. Ich rate Ihnen, sich alle drei unten aufgeführten Modelle als mögliche Geschäftsstrategien genau anzusehen und zu entscheiden, was für Sie und Ihr Unternehmen am besten funktioniert.

Jedes Segment hat seine Vor- und Nachteile. Einer der Hauptunterschiede zwischen Hochzeits- und Porträtfotografie besteht finanziell gesehen darin, dass das Fotografie-Budget bei Hochzeiten nur einen kleinen Teil des Kuchens ausmacht. Hier können Sie also leicht vergleichen, welchen Anteil an den Gesamtkosten Sie als Fotograf erhalten. Bei der Porträtfotografie gibt es hingegen keinen Vergleichswert, denn das gesamte

Budget geht an Sie. Daher werde ich zunächst die drei Preissegmente erläutern, in denen die meisten Hochzeitsfotografen arbeiten. Daran können Sie ermessen, wie viel Sie für Ihre Hochzeitsbilder verlangen und welche Produkte Sie anbieten können.

Hochzeitskosten im Durchschnitt

Eine Hochzeit kostet in den Vereinigten Staaten durchschnittlich etwa 30.000 Dollar, die Gästezahl liegt im Mittel bei 100 - in Deutschland sind es ca. 13.000 Euro bei etwa 60 Gästen. Auch wenn viele Hochzeiten wesentlich mehr kosten als der Durchschnitt und einige auch weit weniger, brauchen wir für unsere Vergleiche eine Bezugsgröße. Zur Erläuterung der Preisgestaltung nehmen wir diese 13.000 Euro als Bezugswert.

Produkt- und Zeitstrategie auf Basis der Herstellungskosten

In den folgenden Abschnitten beschäftigen wir uns mit einer Produktstrategie für jedes der drei Preissegmente. Man kann sich aber nicht mit Produktstrategie beschäftigen, ohne über Herstellungskosten zu sprechen. Diese geben an, wie viel die von Ihnen gelieferten Produkte Sie selbst kosten. Dazu gehört der Zeitaufwand für die Herstellung oder Gestaltung dieser Produkte, also die Nachbearbeitungszeit - das ist die Zeit, in der Sie vor dem Computer an den Produkten arbeiten.

Es folgt eine kleine Lektion aus dem BWL-Grundkurs zur Berechnung der Herstellungskosten. Dabei werden zwei Arten von Kosten berücksichtigt:

- direkte Kosten
- indirekte Kosten

Direkte Kosten sind unmittelbar mit der Bereitstellung eines Produkts verbunden: die tatsächlichen Kosten des Produkts, die Sie an den Hersteller gezahlt haben, zuzüglich der Arbeitszeit für die Gestaltung des Produkts. Deshalb müssen Sie den Wert Ihrer Zeit zur Bearbeitung von Fotos, die Sie für ein Album oder ein beliebiges anderes Produkt vorbereiten, mit in die Herstellungskosten einrechnen.

Dies sind nun die drei Preissegmente, anhand derer ich den Wert der Nachbearbeitungszeit ermittle:

- Einsteiger-Fotograf (unteres Preissegment): 50 Euro pro Stunde
- durchschnittlicher Fotograf (mittleres Preissegment): 75 Euro pro Stunde
- hochqualifizierter Fotograf (oberes Preissegment): 150 Euro pro Stunde

Diese Werte beruhen auf meinen Erfahrungen als Porträt- und Hochzeitsfotograf in den Vereinigten Staaten. Wenn Sie woanders leben und arbeiten, passen Sie die Zahlen bitte an die wirtschaftliche Situation Ihres Landes an (siehe Kasten auf Seite 174).

Indirekte Kosten sind nicht direkt mit der Herstellung oder Produktion eines Produkts verbunden. Zu ihnen gehören die Kosten für Ihr Studio und die Einrichtung, die Nebenkosten, die Kosten für Ausrüstung wie Beleuchtung und Kameras, Lohnkosten beispielsweise für Zweitfotografen oder Assistenten und Ihre Anfahrtskosten zu den Fotoshootings. Wenn Sie von zu Hause aus arbeiten, können Sie auch einen Teil Ihrer Miete oder Kreditraten mit in die indirekten Kosten einrechnen.

Wie Sie sehen, können diese Berechnungen recht kompliziert werden. Ich möchte das Kapitel aber so gestalten, dass Sie es leicht nachvollziehen können. Dies ist kein Buch über Buchhaltung, deshalb befassen wir uns zur Berechnung der Herstellungskosten nur mit den direkten Kosten. Das heißt, dass Sie nur zwei Zahlen ermitteln müssen:

- was Sie dem Hersteller für die Produkte bezahlt haben
- den Wert Ihrer Arbeitszeit für die gesamte Nachbearbeitung (jede Stunde, die Sie vor dem Computer verbringen, um Bilder auszuwählen, Farbkorrekturen daran vorzunehmen, sie zu begradigen oder zuzuschneiden, Fotobücher zu entwerfen, Änderungen vorzunehmen, Bilder in eine Web-Galerie hochzuladen usw.)

Diese beiden Zahlen sind alles, was Sie brauchen. Das ist doch ganz einfach, oder? – Sie schaffen das! Es ist sehr wichtig, diese Werte zu kennen. Nur so können Sie die richtige Produktauswahl treffen und ermitteln, welche Nachbearbeitungszeit angemessen ist.

Wenn Sie zum Beispiel ein Fotobuch für einen Kunden erstellen, ergeben sich Ihre Herstellungskosten aus den Gesamtkosten für das Produkt plus den Arbeitsstunden, die Sie für die Zusammenstellung der Fotos und die Gestaltung des Albums aufwenden. Wenn ich als Stundensatz 150 Euro berechne und 5 Stunden für die Bearbeitung und das Layout des Albums aufgewendet habe, dann sind meine Herstellungskosten die Druckkosten des Albums zuzüglich 750 Euro für die Arbeitszeit (5 Stunden × 150 Euro). Dies ist die stark vereinfachte Berechnung der Herstellungskosten, die wir hier verwenden.

Unteres Preissegment: 5–15 % des gesamten Hochzeitsbudgets (750–2.000 Euro)

Dieses Preismodell ist für einen Einsteiger-Fotografen geeignet, der vor allem unter Kostengesichtspunkten ausgewählt wurde. Kunden, die einen solchen Fotografen beauftragen, suchen einfach jemanden, der das Ereignis dokumentiert. Sie erwarten nicht unbedingt künstlerische Leistungen oder eine besonders gute Produktqualität. Sie brauchen lediglich ein paar einfache, aber gut gemachte Fotos von ihrer Veranstaltung. Wenn ein Kunde 13.000 Euro für die gesamte Hochzeit ausgibt und nur 5 % davon für die Fotos, dann bleiben lediglich 750 Euro für den Hochzeitsfotografen. Am oberen Ende dieses Preissegments gibt ein Kunde 15 % seines Hochzeitsbudgets für die Fotos aus, also 2.000 Euro.

Im unteren Preissegment erwarten die Kunden weder einen hochqualifizierten Fotografen noch hochwertige Alben oder Produkte. Sie können ihnen daher ein kostengünstiges Massenprodukt mit Stoff- oder Kunstledereinband und minimalem Bearbeitungsaufwand anbieten. Auf diese Weise können Sie Ihre Zielvorgabe für die Herstellungskosten erfüllen.

Wenn Sie nach diesem Modell arbeiten, könnten Sie die Veranstaltung außerdem mit semiprofessioneller Fotoausrüstung dokumentieren. Es liegt auf der Hand, dass Sie es sich nicht leisten können, die beste und aktuellste Kamera- und Beleuchtungsausrüstung zu kaufen, unzählige Workshops zu besuchen oder qualitativ erstklassige Hochzeitsalben anzubieten, wenn die Kunden nur das absolute Minimum bezahlen. Wenn Sie geschickt vorgehen und Ihre Kosten möglichst gering halten, können Sie sehr gut davon leben, Hochzeiten im unteren Preissegment zu fotografieren.

Allerdings werden Sie bei diesem niedrigen Honorar ununterbrochen arbeiten, und das wird körperlich sehr anstrengend (möglicherweise hält auch Ihre preiswerte Ausrüstung nicht durch). Höchstwahrscheinlich werden die Kunden in diesem Preissegment außerdem die künstlerische Qualität Ihrer Arbeit nicht zu schätzen wissen. Für sie sind Fotos einfach nur Fotos, nichts weiter. Es wird Ihnen schwerfallen, motiviert zu bleiben und sich selbst kreativ zu verbessern und zu fordern.

Produkt- und Zeitstrategie im unteren Preissegment

Strategisch gesehen, variieren die Herstellungskosten in diesem Segment sehr stark. Angenommen, der Kunde hat 10 % seines Hochzeitsbudgets für den Fotografen vorgesehen. Bei unserem Ausgangswert von 13.000 Euro für eine Hochzeit sind das 1.300 Euro. In diesem Fall würde ich meine Herstellungskosten auf maximal 25 % der Gesamtvergütung von 1.300 Euro begrenzen, also auf 325 Euro.

Nehmen wir an, Sie brauchen vier Stunden für das Fotografieren, die Auswahl, Bearbeitung, Begradigung und Farbkorrektur der Bilder und die Gestaltung eines Albums, und Sie legen für die Arbeitszeit nach der Hochzeit einen Stundensatz von 50 Euro fest. Das bedeutet, dass 200 von den 325 Euro für die Finalisierung der Fotos und des Albums (Nachbearbeitung) verwendet werden, also bleiben noch 125 Euro für das Album selbst. Sie müssen also einen Albenhersteller oder Albentyp finden, der Sie einschließlich Versand (und gegebenenfalls Mehrwertsteuer) höchstens 125 Euro kostet.

Sie erinnern sich, dass es in diesem Buch darum geht, ein profitables Geschäft zu führen. Wir müssen unsere Produktkosten also im Rahmen halten. Ich weiß, dass diese glänzenden, schicken Lederalben mit handgeschnittenen Passepartouts umwerfend aussehen. Aber die Preise für solche ausgefallenen Alben würden Ihr Kostenbudget auffressen wie ein Löwenrudel in der Serengeti eine frische Jagdbeute. Nein, danke!

Mittleres Preissegment: 12–27 % des gesamten Hochzeitsbudgets (1.500–3.500 Euro)

Dieses Preismodell ist für professionelle Hochzeitsfotografen mit durchschnittlicher Qualifikation geeignet, die vor allem wegen des ausgewogenen Verhältnisses zwischen Kosten, Können und Reputation ausgewählt werden. Kunden, die einen Fotografen in dieser Kategorie beauftragen, sind fotoaffin, respektieren die dafür erforderlichen Fähigkeiten und wünschen sich eine besonders schöne fotografische Dokumentation ihrer Veranstaltung. Sie erwarten von ihrem Fotografen hochwertige Alben, kunstvolle Wandbilder oder andere Produkte, sind aber dennoch kostenbewusst und wollen nicht zu viel ausgeben. Sie sind froh, einen Kompromiss zwischen den Kosten und der Qualifikation ihres Fotografen zu finden.

Am unteren Ende dieser Preisspanne (12 %) hätte ein Kunde, der 13.000 Euro für die gesamte Hochzeit ausgibt, 1.500 Euro für den Fotografen zur Verfügung und am oberen Ende (27 %) 3.500 Euro.

Produkt- und Zeitstrategie im mittleren Preissegment

Die Kunden in dieser Kategorie sind viel besser über die verfügbaren Produkte informiert und verstehen mehr von Fotografie, als Sie vielleicht denken. Meiner Meinung nach liegt der optimale Wert für die Herstellungskosten in diesem Preissegment bei 30 %.

Hier sollten Sie eine Nachbearbeitungszeit von etwa sechs Stunden einplanen. Warum das so ist? – Ein Kunde erwartet in diesem Preissegment, dass Sie jedem Aspekt seiner Hochzeit besondere Aufmerksamkeit schenken. Die Auswahl, Bearbeitung, Hautretusche und das Albendesign müssen mit viel größerer Sorgfalt und Detailgenauigkeit durchgeführt werden als im unteren Preissegment. Das Qualifikationsniveau des Fotografen ist in dieser Kategorie viel höher als das eines Fotografen im unteren Preissegment – folglich ist auch seine Arbeitszeit teurer. Eine gute Einschätzung des Stundensatzes liegt bei 75 Euro. Das bedeutet, dass ein Fotograf in dieser Kategorie durchschnittlich 450 Euro für die Nachbearbeitung veranschlagt.

Ich fasse zusammen: Ihre Zielvorgabe für die Herstellungskosten liegt bei 30 % (das sind die Kosten für die Alben und die Nachbearbeitungszeit). Nehmen wir an, Ihr Kunde gibt 17 % seines Hochzeitsbudgets von 13.000 Euro für die Fotografie aus, also 2.210 Euro. Dreißig Prozent von 2.210 Euro sind 663 Euro. Das heißt, dass die Kosten für Ihr Album und der Wert Ihrer Nachbearbeitungszeit zusammen maximal 663 Euro betragen sollten. Wir gingen davon aus, dass ein Fotograf in diesem Preissegment für die Nachbearbeitung etwa sechs Stunden Arbeit zu 75 Euro pro Stunde aufwenden würde, also 450 Euro. Ziehen Sie 450 von 663 Euro ab, und es bleiben Ihnen 213 Euro für das Album. Falls Sie mehr Geld für ein umfangreicheres Album mit komplexeren Layouts ausgeben, dann stellen Sie dies dem Kunden gesondert in Rechnung. Wenn Sie Ihren Kunden die zusätzlichen Seiten nicht in Rechnung stellen wollen, dann sollten Sie Ihre Nachbearbeitungszeit verringern, damit Ihnen mehr Geld für das Album bleibt.

In diesem Sinne müssen Sie kreative Wege finden, die Kosten zu senken, wenn Sie Ihre Herstellungskosten im Rahmen halten wollen, ohne dass die Qualität Ihrer Produkte darunter leidet. Vergessen Sie aber nicht, dass Sie bei einem Hochzeitsalbum in dieser Kategorie auch nicht geizig sein dürfen, denn sonst sind Ihre Kunden unzufrieden, und das fällt dann auf Sie zurück. Sie können aber versuchen, eine gute Alternative zu finden, die Ihre Kunden zufriedenstellt und Ihre Ausgaben senkt. Wenn Sie viele Hochzeiten fotografieren, könnten Sie beispielsweise bei Ihrem Albenanbieter nach einem Mengenrabatt fragen.

Die andere Möglichkeit ist, Ihre Nachbearbeitungszeit von sechs auf vielleicht vier Stunden zu reduzieren. Wie das geht? – Das können Sie schaffen, indem Sie ein besserer Fotograf werden. Wenn Ihre Fotos gut belichtet und komponiert aus der Kamera kommen, mit tollen Farben, großartiger Beleuchtung und einem geraden Horizont, erspart Ihnen das stundenlanges Bearbeiten. Diese Strategie – bereits aus der Kamera nahezu perfekte Fotos zu bekommen – war für mich enorm gewinnbringend.

Oberes Preissegment: 20–35 % des gesamten Hochzeitsbudgets (2.600–4.500 Euro)

In diesem Preissegment bewegt sich ein höchstqualifizierter Hochzeitsfotograf, der vor allem wegen seines Könnens, seines Rufs, seiner Exklusivität und einer erstklassigen Produktlinie ausgewählt wurde. Kunden, die einen Fotografen dieser Kategorie beauftragen, haben eine ausgeprägte Liebe und großen Respekt für die Kunst der Fotografie. Diese Menschen wollen nur das Allerbeste, ungeachtet der Kosten. Voller Stolz erzählen sie ihren Bekannten, wer ihre Hochzeit fotografiert hat. Für diese Kunden sind die Fotos von der Veranstaltung ebenso wichtig wie das Ereignis selbst. Diese Art Kundschaft stellt höchste Ansprüche und erwartet von ihrem Fotografen ein Höchstmaß an Professionalität, Service und Produktqualität.

Am unteren Ende dieses Preissegments (20 %) würde ein Kunde, der 13.000 Euro für seine gesamte Hochzeit ausgibt, 2.600 Euro für den Fotografen aufwenden, und am oberen Ende (35 %) wären es 4.500 Euro.

Produkt- und Zeitstrategie im oberen Preissegment

Dass die Kunden hier einen so großen Anteil ihres gesamten Hochzeitsbudgets nur für den Fotografen aufwenden, bedeutet, dass sie vor Ihren künstlerischen Leistungen höchsten Respekt haben. Tatsächlich betrachten alle Kunden dieser Kategorie Sie als Künstler und nicht nur als irgendeinen Hochzeitsdienstleister. Sie sind für das Paar eine wichtige Quelle des Stolzes. Die Fähigkeiten eines Fotografen dieser Kategorie hinsichtlich Posing, Beleuchtung, Komposition und Agilität sollten Weltklasse sein, vom Feinsten, einzigartig und schwer nachzuahmen.

In dieser Sparte verwenden Fotografen nur erstklassige Ausrüstung, die bestmöglichen Objektive und eine professionelle Beleuchtungsausrüstung. Niemals setzen sie auf unzuverlässige Nachahmerprodukte. Alle wichtigen Ausrüstungsgegenstände halten sie doppelt vor, und ihr Equipment ist stets vollständig gewartet und geprüft.

Weshalb? Fotografen, die ein so hohes Ansehen bei ihren Kunden genießen, sollten diesen den gleichen Respekt entgegenbringen und keinerlei Abstriche bei ihrem Handwerkszeug machen. Sie müssen hier also viel mehr in Ihre Ausrüstung investieren. Auch die Assistenten und Zweitfotografen sollten bestens ausgebildet sein und entsprechend bezahlt werden.

Im Hinblick auf Ihre Herstellungskosten sollten Sie Ihren Kunden ausschließlich Premium-Produkte anbieten. Denken Sie daran, dass Kunden in dieser Kategorie das Beste erwarten und auch entsprechend dafür bezahlen. Die Kunden vertrauen darauf, dass Sie ihnen Alben, Wandbilder, Drucke und andere Produkte von höchster Qualität liefern. Eine gute Zielvorgabe für die Herstellungskosten liegt in dieser Kategorie bei etwa 35 %.

Wir fassen zusammen: Wenn ein Kunde 13.000 Euro für seine Hochzeit ausgibt und 25 % dieses Betrags für den Fotografen aufwendet, wären das 3.250 Euro. Wenn 35 % davon in die Herstellungskosten fließen, sind es 1.137 Euro. Auf diesem Niveau sollten Sie bei der Nachbearbeitung nur minimale Korrekturen vornehmen müssen. Wenn ich eine Stundenzahl als Richtwert angeben müsste, würde ich sagen, dass die Nachbearbeitungszeit bei einem Fotografen dieser Klasse maximal fünf Stunden dauern sollte, da die Fotos bereits nahezu perfekt aus der Kamera kommen. Wäre das nicht der Fall, müssten Sie viele Stunden mit größeren Korrekturen verbringen. Der Schlüssel zum Erreichen Ihrer Zielvorgaben für die Herstellungskosten ist in diesem oberen Preissegment Ihr Qualifikationsniveau: Je besser Ihre Bilder direkt aus der Kamera kommen, desto mehr Geld können Sie verdienen, weil Sie dann nicht ewig mit der Nachbearbeitung beschäftigt sind.

Ich bin wirklich der festen Überzeugung, dass stundenlanges Herumdoktern an schlecht aufgenommenen Fotos der Untergang vieler Fotostudios ist. Ein Fotograf dieser Kategorie ist viel zu sehr damit beschäftigt, neue Aufträge zu akquirieren, als dass er seine Zeit darauf verschwenden könnte, Fotos zu bearbeiten. Sein Stundensatz wäre mit rund 150 Euro auch viel zu hoch dafür. Unter diesen Umständen lohnt es sich nicht, allzu viel Zeit für die Nachbearbeitung, das Gestalten von Alben usw. aufzuwenden. Delegieren Sie diese Fleißarbeiten an geschulte Fachleute, die Ihre Anforderungen kennen und gute Arbeit leisten.

Was ist mit den Kosten für Assistenten oder zusätzliche Fotografen?

In diesem Kapitel wollen wir herausfinden, welche Produktlinien Sie Ihren Kunden anbieten können und wie viel Zeit Sie für die Nachbearbeitung aufwenden sollten - je nachdem, wie hoch der Kunde den Wert Ihrer Arbeit einschätzt. Es geht hier nur um die optimale Strategie zur Auswahl der richtigen Produkte für die jeweiligen Anforderungen und Bedürfnisse der verschiedenen Kundentypen im Hinblick auf die drei genannten Preissegmente. Wir betrachten dies nur aus Sicht der Produkte und nicht der Kosten für zusätzliche indirekte Serviceleistungen, die Sie möglicherweise anbieten, wie etwa die Honorare für zusätzliche Mitarbeiter.

Wenn Sie dies lesen, werden Sie sich vielleicht fragen, warum ich die Kosten für Assistenten oder weitere Fotografen nicht in die obigen Berechnungen einbezogen habe. Schließlich sind die größten Ausgaben bei der Hochzeitsfotografie die folgenden:

- Kosten für Alben und andere Produkte
- Ihr Zeitaufwand in der Nachbearbeitung
- Personalkosten für Leute, die Sie beim Fotografieren der Hochzeit unterstützen

Ich habe diese Ausgaben weggelassen, um das Ganze einfach zu halten und den Schwerpunkt darauf zu legen, welche direkten Kosten uns im Zusammenhang mit den Produkten entstehen, die wir unseren Kunden anbieten. Dennoch ist mir klar, dass einige Leser das Hilfspersonal, das in der Hochzeitsfotografie einer der größten Kostenfaktoren ist, gerne besprochen sehen möchten, auch wenn es *nicht* die Absicht dieses Kapitels ist, alle Kosten für das Fotografieren einer Hochzeit zu ermitteln.

Ein Zweitfotograf ist tatsächlich ein Kostenfaktor, aber in Bezug auf die von Ihnen angebotenen Produkte sind dies indirekte Kosten, weshalb wir sie hier nicht berücksichtigen. Wenn Sie versuchen, Ihre Gewinnspanne für ein ganzes Leistungspaket zu ermitteln, ja - dann müssen Sie die Kosten für Ihr Hilfspersonal als Teil Ihrer Herstellungskosten einbeziehen (eine Übung dazu finden Sie in Kapitel 12). Die Kosten für Assistenten und Zweitfotografen sollten Sie an Ihre Kunden weitergeben, anstatt das Hilfspersonal aus eigener Tasche zu bezahlen. Sie könnten diese Kosten entweder als separate Zusatzleistung ausweisen oder in den Gesamtpreis mit einbeziehen.

Natürlich gibt es je nach Qualifikationsniveau auch beim Hilfspersonal große Honorarunterschiede. Zu Ihrer Information: In meinem Buch »Perfekte Hochzeitsreportagen - on location!« habe ich beschrieben, dass Sie für Hochzeiten Mitarbeiter aus drei verschiedenen Qualifikationsniveaus auswählen können:

- einfacher Assistent: 200-300 Euro
- Zweitfotograf: 400-600 Euro
- Meisterfotograf mit eigenem Hilfspersonal: 1.500-2.000 Euro

(Eine ausführlichere Beschreibung finden Sie in Kapitel 1 des genannten Buchs.)

Sie sehen, dass Ihre Mitarbeiter bei der Hochzeitsfotografie je nach ihren Fähigkeiten unterschiedlich bezahlt werden. Deshalb ist es so schwierig, diese Kosten in unsere obigen Beispiele mit einzubeziehen. Wenn Sie sie mit einkalkulieren möchten, müssen Sie dem Kunden die Kosten für Ihr Hilfspersonal lediglich in Rechnung stellen. Damit erhöht sich der Betrag, den Sie vom Kunden erhalten, um den Betrag, den Sie Ihrem Hilfspersonal zahlen. Wünscht der Kunde einen erfahrenen Zweitfotografen, um während der Hochzeit verschiedene Blickwinkel und Ereignisse festhalten zu können, zahlt er Ihnen beispielsweise noch mal 500 Euro extra, mit denen Sie wiederum Ihren Zweitfotografen bezahlen. In der Regel versucht man nicht, mit dem Hilfspersonal einen Gewinn zu erzielen, sondern gibt die entsprechenden Kosten direkt an den Kunden weiter.

Wenn Sie herausfinden wollen, welches Produktniveau Sie anbieten sollten und welche Kosten damit verbunden sind, rate ich Ihnen, nur die direkten Kosten zu berücksichtigen, so wie ich es in den obigen Beispielen gezeigt habe: die Kosten für Alben oder andere Produkte und den Wert Ihrer Arbeitszeit in der Nachbearbeitung, nichts weiter. Auf diese Weise erkennen Sie, ob Sie zu viel für Ihre Alben ausgeben und daher Ihre Zielvorgaben für die Herstellungskosten überschreiten.

Schlüsselfaktoren zur Einordnung eines Fotografen in die drei Preissegmente

Häufig wird mir die folgende Frage gestellt: »Wie kann man sich in den drei Preissegmenten hocharbeiten?« Ich stelle dann zunächst die Gegenfrage: »Warum glauben Sie, dass es besser wäre, in das mittlere oder obere Preissegment aufzusteigen?« In jedem der drei Preissegmente lässt sich unglaublich viel Geld verdienen. Die meisten Menschen auf der Welt heiraten oder denken ans Heiraten. Sie kommen aus allen Gesellschaftsschichten und haben sehr unterschiedliche Budgets, deshalb gibt es in jedem der drei Preissegmente wirklich gute Geschäftsmöglichkeiten.

Wenn Sie aber Ihre Strategie ändern und Kunden bedienen möchten, die fotoaffiner sind und größeren Wert darauf legen, den richtigen Fotografen zu engagieren, dann

Die 10 wichtigsten Geschäftsfaktoren für besonders erfolgreiche Hochzeitsfotografen

1. Suchmaschinenoptimierung (SEO)
2. gute gegenseitige Beziehungen zu Veranstaltern und Hochzeitsplanerinnen
3. gute gegenseitige Beziehungen zu anderen Hochzeitsdienstleistern wie Floristinnen, Visagistinnen, DJs, Bands usw.
4. Bewertungen auf Portalen wie Google oder Yelp und ein insgesamt schlüssiges Online-Marketingkonzept
5. häufige Teilnahme an hochzeitsbezogenen Veranstaltungen wie Messen und anderen Branchentreffen
6. häufige und gut platzierte Veröffentlichung Ihrer Hochzeitsfotos in einschlägigen Printmedien und Blogs
7. eine große Anhängerschaft in den sozialen Medien und häufiges Posten von Inhalten mit großer Reichweite auf Instagram, Ihrer geschäftlichen Facebook-Seite, YouTube, Pinterest und Blogs
8. Zufriedenheit von Kunden und Hochzeitsdienstleistern (Mundpropaganda)
9. Ihre Zielgruppe und der Standort Ihres Studios
10. Ihr Qualifikationsniveau im Vergleich zu anderen Hochzeitsfotografen in Ihrer Region

lesen Sie die folgende Liste. Sie beschreibt die 10 Geschäftsfaktoren, in denen Sie sich verbessern müssen, um beliebig weit aufzusteigen. Wenn Sie bereit sind, die nötige Zeit und Energie aufzuwenden, um diese 10 Faktoren auf hohem Niveau zu erfüllen, werden Sie automatisch als besserer (und teurerer) Fotograf wahrgenommen.

Sehen Sie sich zum Beispiel die Punkte 5, 6 und 7 an. Wenn Sie eine große Anhängerschaft in den sozialen Medien aufbauen, ständig veröffentlicht werden und auf Branchentreffen ein bekanntes Gesicht sind, werden alle ein Teil Ihres geschäftlichen Erfolgs sein wollen! Wenn über Sie berichtet wird, dann werden dabei immer auch Ihre Geschäftspartner erwähnt. Wenn Sie viele Follower in den sozialen Medien haben, dann wird auch die eigene Anhängerschaft wachsen, wenn man mit Ihnen in Verbindung gebracht wird. Aus diesem Grund sind einige der vorangegangenen Kapitel der Entwicklung einer ganzheitlichen Social-Media-Strategie gewidmet. Sie können ein wunderbarer, talentierter Fotograf sein - aber solange Sie unbekannt sind und Ihre Arbeiten nirgends veröffentlicht werden, will trotzdem niemand mit Ihnen zusammenarbeiten. Echter Erfolg wird sich erst dann einstellen, wenn Sie zusätzlich zu Ihrem fotografischen Können auch all diese Faktoren erfolgreich umsetzen.

Ihre gesamte Unternehmensstrategie und Ihre Bemühungen, einen starken und beständigen Zufluss an Neukunden zu erzielen, hängen davon ab, wie gut Sie in jedem dieser zehn Bereiche sind.

Wie würde bei Ihnen ein Balkendiagramm aussehen, in dem jeder Balken einen dieser Bereiche darstellt? Wenn es Ihnen ernst ist mit dem Zustand Ihres Unternehmens, dann geben Sie jedem der Faktoren eine Leistungsbewertung von 0 bis 10. Eine Punktzahl von 0 bedeutet, dass Sie keinerlei Anstrengungen unternommen haben, sich in diesem

Bereich zu verbessern und dass Sie sich gerade auf der untersten Stufe befinden. Eine Punktzahl von 10 bedeutet, dass Sie kontinuierlich und klug an diesem Faktor arbeiten und hier hervorragende Leistungen erbringen.

Mithilfe dieser Übung können Sie den weit verbreiteten Fehler vermeiden, sich auf einigen wenigen guten Geschäftsbeziehungen auszuruhen, die Ihnen einen Großteil der Neukunden bescheren. Diese Kontakte, auf die Sie sich so sehr verlassen, werden irgendwann wegziehen, ihren Arbeitsplatz wechseln oder mit jemand anderem zusammenarbeiten, der frischer und innovativer ist – und eines Tages könnte es dann aus sein mit den Weiterempfehlungen.

Um das zu verhindern, erstellen Sie sich für jeden einzelnen Faktor eine Tabelle. Halten Sie diese griffbereit, denn Sie werden ständig an ihr arbeiten müssen. Tatsächlich sollten Sie jeden Monat einen Plan erstellen, wie Sie mindestens drei dieser Bereiche verbessern können. Wenn Sie das vernachlässigen, werden neue Anfragen irgendwann nur noch tröpfchenweise hereinkommen und schließlich ganz versiegen. Ja, es kostet Mühe, Schritt zu halten. Aber das ist der Preis dafür, selbstständig Geschäfte zu machen, sein eigener Chef zu sein und nicht irgendwo in einem Großraumbüro sitzen zu müssen. Es lohnt sich also!

Delegieren ist wichtig

Es gibt ein Zauberwort, mit dem Sie die Unzahl Ihrer Aufgaben als Hochzeitsfotograf in den Griff bekommen: delegieren! Sie können nicht alles alleine machen, glauben Sie mir. Sie könnten jemanden damit beauftragen, Ihre Hochzeitsreportagen in Blogs und Zeitschriften unterzubringen. Instagram, Facebook und fast alle anderen sozialen Medien können auch von jemand anderem betreut werden. Das ist Fleißarbeit, um die Sie sich nicht selbst kümmern müssen – jemand anderes kann lernen, diese Aufgaben bequem von zu Hause aus zu erledigen. Auch die Gestaltung von Alben und die Bildbearbeitung lassen sich leicht und preiswert auslagern.

Wie können Sie delegieren, wenn Ihr Budget knapp ist? Beginnen Sie mit der Aufgabe, die Ihre Zeit am stärksten beansprucht: der Bildbearbeitung. Denn diese ist auf jeden Fall die schlechteste Art, Ihre Zeit zu investieren, wenn Sie ein profitables Geschäft aufbauen wollen. Aufgrund der großen Nachfrage gibt es zahllose Unternehmen, die darauf spezialisiert sind, sich um all Ihre Bearbeitungswünsche zu kümmern. Der Wettbewerb ist in diesem Bereich so groß, dass die Preise immer niedriger werden.

Es gibt verschiedene Varianten und Angebote, die Sie buchen können. Wenn Sie viele Aufträge haben, können Sie sich zum Beispiel für ein unbegrenztes Auftragspaket entscheiden: Sie bezahlen einen Tarif, und dann vergeben Sie so viele Aufträge, wie Sie möchten. Wenn Sie hingegen nur hier und da mal ein Fotoshooting machen, können Sie stattdessen für jeden einzelnen Auftrag bezahlen. Entscheidend ist: Es gibt eine ideale Lösung für Sie, die Sie sich auch leisten können.

Und, was auch immer die Bearbeitung kostet: Geben Sie diese Kosten an Ihre Kunden weiter. Es ist ganz normal, das zu tun. Versuchen Sie nicht, besonders nett zu sein und diese Dienstleistung aus eigener Tasche zu bezahlen – sie ist nicht Ihre Sache, sondern die des Kunden. Ich weiß, das ist schwer zu verstehen, aber es ist so, und Sie müssen auch kein schlechtes Gewissen deswegen haben.

Der nächste Schritt besteht darin, das Albendesign und das ganze Hin und Her mit dem Kunden und seinen Änderungswünschen zu delegieren, denn das ist ein weiterer bedeutender Zeitfresser. Viele Fotobuchfirmen bieten auch einen Layout-Service an, aber ich finde es viel effektiver, eine Person zu engagieren, die sich um das Design und alle Änderungsanfragen des Kunden kümmert. Diese Aufgabe zu delegieren, dürfte Sie etwa 300 Euro kosten – je nachdem, wo Sie leben und welche Erfahrung Ihr Albendesigner mitbringt. Das ist viel günstiger, als wenn Sie selbst viele Stunden mit der Nachbearbeitung, dem Entwerfen des Layouts und endlosen Änderungswünschen verbringen müssten. Diese mühsame Aufgabe zu delegieren, ist billiger und gesünder für Ihr Unternehmen.

Wenn Sie ein Album mit nur 10 oder 20 Fotos aus einem Porträt-Shooting erstellen, können Sie das natürlich auch selbst machen. Ich spreche hier von Aufträgen, für die

man Hunderte von Fotos bearbeiten und über 100 Fotos in ein Albendesign einbinden muss. Sie können einen Teil davon aus eigener Tasche bezahlen, aber den Rest geben Sie im Rahmen Ihres Shooting-Honorars oder des Preises für das Gesamtpaket an den Kunden weiter. Sie sollten das nicht zu 100 % selbst bezahlen.

Schlussendlich können Sie derselben Person, die Sie mit der Gestaltung Ihrer Alben beauftragen, auch die Einsendungen an Zeitschriften oder die Veröffentlichung von Bildern in Ihrem Instagram-Account überlassen. Die Kosten hierfür – Zeitschriftenbeiträge und Pflege der sozialen Medien – sollten Sie selbst tragen. Auf lange Sicht ist es teurer, diese Aufgaben nicht zu delegieren, denn ohne regelmäßige Veröffentlichungen in Printmedien verlieren Sie den Vorteil, als Erster entdeckt zu werden; und ohne einen konstanten Fluss qualitativ hochwertiger Social-Media-Beiträge wächst Ihre Bekanntheit nicht und Sie verzichten auf Reichweite. Diese Aufgaben nehmen viel Zeit in Anspruch und sind sehr arbeitsintensiv. Derartige zeitfressende und eintönige Tätigkeiten sollten Sie so schnell wie möglich kostengünstig auslagern. Unternehmen

wachsen nicht, indem sie ihr ganzes Geld zusammenhalten, sondern indem sie es sinnvoll einsetzen. Mit diesen Ausgaben investieren Sie in Ihr Wachstum.

Manches lässt sich natürlich nicht delegieren. Selbstverständlich sind Sie es, der an Branchenveranstaltungen teilnehmen muss, denn es liegt in Ihrer Verantwortung, vorteilhafte gegenseitige Beziehungen zu Hochzeitsplanerinnen und Veranstaltern wie etwa Hotels herzustellen. Was bieten Sie als Gegenleistung für die Loyalität, mit der man auf Sie verweist? Eine Möglichkeit könnte eine Gewinnbeteiligung an den über Ihre Partner gebuchten Hochzeitsaufträgen sein. Oder Sie könnten ihre Personalfotos übernehmen, ihre Familienfotos, sie allgemein mit Ihrer Fotografie dabei unterstützen, ihr Geschäft und ihren Social-Media-Auftritt voranzubringen, und so weiter. Diese Menschen werden Ihnen nur dann Loyalität erweisen, wenn sie das Gefühl haben, dass Sie auch etwas für sie tun. Für beide Seiten vorteilhafte Beziehungen können wie echte Freundschaften wirken, und einige von ihnen sind es auch - aber Sie werden feststellen, dass dies meist nicht der Fall ist. Also spielen Sie einfach mit - und gewinnen Sie.

KAPITEL 11

KUNDENORIENTIERTE PREISSTRATEGIE

Nun ist es an der Zeit, über Preisgestaltung zu sprechen. So sehr wir die Fotografie auch lieben – als Berufsfotografen müssen wir unsere Dienstleistungen immer in Rechnung stellen. Ich weiß, dass es schwierig ist, unserer Arbeit und den von uns angebotenen Produkten eine konkrete Anzahl Euros gegenüberzustellen.

Die meisten Fotografen erstellen Ihre Preisliste einfach, indem sie schauen, was andere Fotografen verlangen, und sich daran orientieren. Aber mit etwas Erfahrung und nach einigen schmerzhaften Lektionen werden Sie erkennen, dass die Entwicklung einer kundenorientierten Preisstrategie eine sehr persönliche Entscheidung ist, die einen wesentlichen Einfluss darauf hat, wie viel Gewinn Sie mit Ihrem Foto-Business erzielen. Auf lange Sicht ist es einfach nicht tragfähig, lediglich die Preislisten anderer mit kleinen Änderungen zu übernehmen.

In diesem und den folgenden Kapiteln spreche ich oft über Produkte und Dienstleistungen. Der besseren Übersichtlichkeit halber fasse ich Produkte und Dienstleistungen dabei manchmal auch unter dem Begriff »Angebote« zusammen. Angebote sind einfach die Produkte und Dienstleistungen, die Sie Ihren Kunden anbieten. Eine kundenorientierte Preisstrategie entwickeln Sie in vier Schritten – in diesem Kapitel gehe ich auf die ersten beiden ein.

Vier Schritte hin zu einer kundenorientierten Preisstrategie

1. **Motivation:** Optimieren Sie Ihre Angebote, indem Sie sich mit der Kaufmotivation des Kunden vertraut machen. Dieser Schritt hilft Ihnen, die Angebote auszuwählen, die Sie dem Kunden unterbreiten wollen.
2. **Wert:** Steigern Sie Ihren Umsatz, indem Sie mit jedem Produkt und jeder Dienstleistung einen besonderen Wert schaffen. Dieser Schritt hilft Ihnen, Ihre Angebote problemlos zu verkaufen.
3. **Verkaufsmethode und Preisgestaltung:** Entwickeln Sie Preisgestaltung und Verkaufsmethode so, dass sie leicht verständlich sind und Ihrer angestrebten Gewinnmarge entsprechen. In diesem Schritt wählen Sie die am besten für Ihr Unternehmen geeignete Preisfindungsmethode aus. Diese führt Sie dann entweder zu einem Paketpreismodell (siehe Kapitel 12) oder zu einem À-la-carte-Verkaufsmodell (Kapitel 13).
4. **Gestaltung:** Entwerfen Sie ein Gesamtkonzept, eine Gliederung und eine geeignete Präsentation für Ihre Preisliste. Mit diesem Schritt kommen Sie zu einer ansprechenden, professionellen, leicht anzupassenden und gut strukturierten Preisliste. Darauf gehe ich in Kapitel 14 ein.

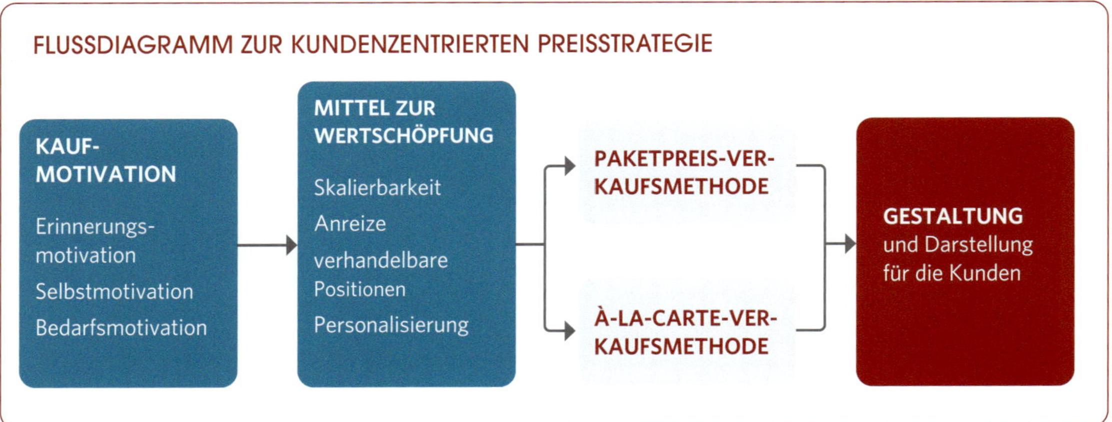

Die Motivation der Kunden, in Fotos zu investieren

Wir sollten verstehen, warum man uns beauftragt. Dieses Wissen ist beim Anfertigen einer Preisliste entscheidend, denn wenn wir die Beweggründe des Kunden kennen, können wir auf diese abgestimmte Angebote mit einbeziehen. Die Motivationen, einen Fotografen zu beauftragen, lassen sich für die Porträt- und Hochzeitsfotografie in drei Hauptkategorien unterteilen:

- Erinnerungsmotivation
- Selbstmotivation
- Bedarfsmotivation

Menschen, die erinnerungsmotiviert sind, werden viel mehr Geld für Produkte und Dienstleistungen ausgeben, die ihr Bedürfnis befriedigen, sich an wichtige Ereignisse oder Momente in ihrem Leben zu erinnern. Selbstmotivierte Kunden hingegen geben viel Geld für Angebote aus, die genau auf sie zugeschnitten sind. Diese Kunden interessieren sich nicht besonders für etwas, das ihre Erinnerung weckt. Sie wollen einfach schöne Produkte, mit denen sie sich selbst in Szene setzen können. Die bedürfnisorientierten Kunden schließlich beauftragen einen Fotografen, weil sie ihn brauchen, um über ein Ereignis zu berichten oder weil sie zum Beispiel Bewerbungsfotos oder Bilder für die sozialen Medien benötigen. Solche Kunden wollen nicht viel Geld ausgeben, sondern nur das nötige. An solche Kunden etwas zu verkaufen, ist am schwierigsten.

Jetzt wissen Sie, wie unterschiedlich diese drei Kundentypen sind - nun müssen Sie eine Preisliste entwerfen, die jeden von ihnen anspricht. Wenn Ihre Angebote perfekt auf die Motivation der Kunden abgestimmt sind, wird es viel einfacher für Sie, ihnen die profitabelsten Leistungspakete zu verkaufen!

Im ersten Schritt sollten Sie Ihre Produkte und Dienstleistungen danach selektieren, was Ihre Kunden zum Kauf motiviert. Dabei sollte die Art und Qualität Ihrer Angebote mit Ihrer Marke im Einklang stehen. Es ist wichtig, dass Sie Ihre Produktpalette selbst wertschätzen, denn damit steigen die Chancen, dass sie auch Ihre Kunden anspricht. Als Fotografen werden wir Jahr für Jahr mit neuen Produkten überschwemmt. Spazieren Sie einfach mal kurz über eine Fotografie-Messe - das Angebot ist wirklich groß. Seien Sie ausgesprochen wählerisch und bieten Sie nur Produkte an, die zu Ihrer Marke

101

passen und sich gut verkaufen. Sie sollten potenziellen Kunden nicht einfach zahllose Möglichkeiten vorschlagen und hoffen, dass ihnen irgendetwas davon gefällt.

Erinnerungsmotivation

Erinnerungsmotivierte Kunden möchten besondere Ereignisse, geliebte Menschen und wichtige Momente in ihrem Leben festhalten. Mit den Fotos können sie diese Erinnerungen immer wieder aufleben lassen - im Grunde wollen sie sie niemals verlieren.

Beispielsweise können Sie mit dem Wissen, dass Hochzeitspaare hochgradig erinnerungsmotiviert sind, auch die Dokumentation des Probeessens zu einem Teil Ihres À-la-carte-Angebots machen. Viele dieser Kunden werden das als Zusatzleistung buchen, weil sie gerne Erinnerungsfotos davon hätten - und weil Sie es ihnen angeboten haben. Hätten Sie diesen Service nicht angeboten, dann wäre er ihnen wahrscheinlich gar nicht in den Sinn gekommen. Die Fotografie des Probeessens ist ein Angebot, das perfekt auf erinnerungsmotivierte Kunden zugeschnitten ist. So funktioniert dieses System: Schaffen Sie Produkte und Dienstleistungen, die der Motivation Ihrer Kunden entsprechen, und Sie werden beim Verkauf von Zusatzleistungen und Upgrades wesentlich erfolgreicher sein.

Erinnerungsmotivierte Menschen sind beim Budget flexibel. Um die Erinnerung an ein ganz besonderes Ereignis lebendig zu halten, werden sie letztlich mehr ausgeben als ursprünglich vorgesehen. Vor Jahren habe ich jedes Mal, wenn ich für ein Familienporträt engagiert wurde - was ebenfalls stark erinnerungsmotiviert ist -, als Zusatzleistung einen fünfminütigen Videomitschnitt des Familien-Fotoshootings angeboten. Das war ein Riesenerfolg! Und wie war ich auf diese Idee gekommen? Weil ich wusste, dass diese Kunden stark erinnerungsmotiviert sind, war mir klar, wie sehr sie ein solches Video schätzen würden, um sich damit an ihren Spaß während des Shootings erinnern zu können. Ihr Lachen, ihre Mimik und sogar ihre Patzer waren für sie unbezahlbar! Diese Art Service funktioniert nur mit Menschen, die Erinnerungen zu schätzen wissen.

Wenn Sie wissen, dass ein Kunde erinnerungsmotiviert ist, können Sie maßgeschneiderte Angebote liefern, die ihm helfen, seine wertvollen Erinnerungen am Leben zu halten.

Selbstmotivation

Selbstmotivierte Kunden haben den Wunsch, etwas für sich selbst zu tun - sei es, um sich selbst zu einem bestimmten Zeitpunkt Ihres Lebens zu feiern oder um tolle Fotos von sich selbst bei einem besonderen Anlass zu haben. Sie wollen etwas schaffen, das andere Menschen an sie erinnert und ihr Selbstwertgefühl stärkt. Alles, was damit verbunden ist, etwas für sich selbst zu tun, fällt in die Kategorie der Selbstmotivation. Es liegt in der menschlichen Natur, viel in das zu investieren, was für einen selbst bestimmt ist. Wer sich selbst an einem Produkt oder einer Dienstleistung erfreuen will, ist viel eher bereit, tief in die Tasche zu greifen. Es ist viel einfacher, sich selbst zur Feier eines Ereignisses eine Rolex-Uhr zu gönnen, als diese Uhr für jemand anderen zu kaufen.

Auch wenn Hochzeitsbilder größtenteils erinnerungsmotiviert sind, sind doch die Paarfotos selbstmotiviert. Mit diesem Wissen biete ich als Zusatzleistung ein Fotoshooting des Brautpaars nach dem Hochzeitstag an, um in stressfreier Umgebung besonders schöne Aufnahmen zu machen. Und wissen Sie was? Über die Häfte der Paare buchen diesen zusätzlichen Fototermin. Dieses Angebot weckt ihre Selbstmotivation.

Boudoir-Sessions sind ein weiteres gutes Beispiel für ein selbstmotiviertes Fotoshooting. Ich biete den Bräuten ein Boudoir-Fotoshooting und dazu ein schönes Album mit ihren Lieblingsfotos an, das sie ihrem Verlobten zur Hochzeit schenken können. Auch dieses Angebot ist ein ziemlicher Erfolg. Wenn die Braut dem Bräutigam das Buch überreicht, während er sich gerade einkleidet, ist sein Gesichtsausdruck unbezahlbar! Ich möchte noch einmal betonen, dass Ihre Produkte und Dienstleistungen der jeweiligen Motivation Ihrer Kunden entsprechen sollten – dann können Sie zusehen, wie Ihr Umsatz immer weiter anwächst.

Bedarfsmotivation

Ein bedarfsmotivierter Kunde verwendet die Fotos für die Arbeit, für geschäftliche Zwecke, für Inhalte in sozialen Medien, für den Reisepass oder andere Notwendigkeiten. Ein Beispiel ist ein aufstrebender Schauspieler, der Porträts benötigt. Bedarfsmotivierte Menschen geben in der Regel gerade so viel aus, dass sie bekommen, was sie brauchen - und dann ist Schluss.

Falls Sie sich fragen, ob es zwischen diesen drei Motivationsformen Überschneidungen gibt - die gibt es! Die Beauftragung eines Hochzeitsfotografen beginnt mit einem bedarfsmotivierten Kunden: Er braucht einen Hochzeitsfotografen für seine Hochzeit. Aber von diesem Punkt aus kann bei der Hochzeitsfotografie dann auch eine Erinnerungs- oder Selbstmotivation ins Spiel kommen, wie oben erläutert. Das gilt nicht für alle Fotoshootings, aber doch für ziemlich viele.

Diese drei Motivationsformen verschaffen Ihnen Mittel und Gelegenheit, Ihre Kunden zum Kauf weiterer Angebote aus Ihrem Portfolio zu verlocken, weil sie etwas davon haben. Die Kunden sind bereits stark motiviert, Geld für Fotos auszugeben, also nutzen wir dies als Sprungbrett, um das große Verkaufspotenzial von Fotoprodukten und -dienstleistungen zu erschließen. Hätte ich nicht gewusst, was die Leute zum Kauf motiviert, dann hätte ich das Video zum Familien-Fotoshooting und den Boudoir-Termin für die Braut als Geschenk für ihren Verlobten wahrscheinlich niemals angeboten. Beide entwickelten sich zu Verkaufsschlagern und brachten mir sehr viel Geld ein, weil sie perfekt auf die Motivation meiner Kunden abgestimmt waren.

Werkzeuge zur Wertschöpfung

Die nachfolgenden Mittel zur Wertschöpfung können Sie bei der Konzeption Ihrer Angebotspakete einsetzen, um das finanzielle Potenzial jedes einzelnen Verkaufs maximal auszuschöpfen. Damit regen Sie Ihre Kunden an, Zusatzleistungen zu buchen oder Ihnen mehr Fotoprodukte abzukaufen. Im Wesentlichen gibt es vier Bausteine zur Wertschöpfung:

- Skalierbarkeit
- Anreize
- verhandelbare Positionen
- Personalisierung

Skalierbarkeit

Bei Skalierbarkeit geht es um Möglichkeiten, Ihr Angebot zu erweitern oder hochzustufen. Dies ist ein wesentlicher Faktor zur Maximierung Ihres Gewinnpotenzials. Um ein Produkt oder eine Dienstleistung zu skalieren, beginnen Sie mit einem Basisangebot und bieten den Kunden dann verschiedene Möglichkeiten, es zu erweitern. Skalierbarkeit besteht also aus zwei Komponenten: der Grundleistung und den Zusatzleistungen.

Ein Beispiel für ein Basis-Angebot wäre ein 20-seitiges Fotoalbum. Die erste Zusatzoption könnte eine Erweiterung auf 30 Seiten sein, dann auf 40 Seiten und so weiter. Grundsätzlich sind alle Produkte und Dienstleistungen skalierbar, die Sie in den Formaten »gut, besser, am besten, außerordentlich« anbieten können. Nicht alle Angebote sind skalierbar, meiner Meinung nach aber doch die meisten.

Wenn Sie Ihren Kunden etwas Ausbaufähiges anbieten, präsentieren Sie ihnen zunächst die Variante, die Sie für die beste halten oder die Sie empfehlen. Wenn die Kunden einmal erkannt haben, was möglich ist, werden sie es wahrscheinlich auch wollen. Falls sie sich nicht für die von Ihnen empfohlene Option entscheiden, dann sehr wahrscheinlich für die direkt darunter. Für das Format »gut, besser, am besten, außerordentlich« zeigen Sie also zunächst die Option »am besten«, und höchstwahrscheinlich werden die Kunden sich dann für die Option »besser« entscheiden. Warum funktioniert das? Wenn Sie zeigen, was mit der von Ihnen empfohlenen Option alles möglich ist, lösen Sie ein Verlangen aus, diese Option zu wählen – und dieses Verlangen wirkt wie ein Schmerz. Der Kauf der von Ihnen empfohlenen Option oder derjenigen direkt darunter dient dann als »Schmerzmittel«.

Anreize

Es gibt viele Möglichkeiten, Anreize zum Kauf eines Upgrades zu bieten. Wir werden uns auf die beiden konzentrieren, die für uns Fotografen am wichtigsten sind.

Finanzielle Anreize

Finanzielle Anreize sind am beliebtesten. Sie liefern hervorragende Ergebnisse, weil jeder leicht nachrechnen und erkennen kann, dass sich das Preis-Leistungs-Verhältnis durch das Upgrade verbessert.

Mengenrabatt: Eine übliche Methode, Kunden zum Kauf zu verleiten, besteht darin, beim Kauf weiterer Produkte einen größeren Gegenwert zu bieten. Man spricht hier auch von Mengenrabatt. Wir alle haben diese Taktik schon erlebt: Wenn Sie fünf Fotoabzüge bestellen, kosten sie 20 Euro pro Stück, aber wenn Sie zehn nehmen, sinkt der Stückpreis auf 16 Euro und bei zwanzig Stück auf nur noch 12 Euro. Solche Rabattstaffeln belohnen den Kunden für den Kauf einer größeren Stückzahl.

Pauschale Rabatte: Eine andere Möglichkeit – von der ich sehr abrate – besteht darin, den Kunden einen pauschalen Rabatt zu gewähren. Sie sollten einen solchen Rabatt allenfalls mit einem bestimmten Ziel vor Augen anbieten, etwa um einen Auftrag an einem Veranstaltungsort zu erhalten, an dem Sie schon immer arbeiten wollten. (Viele Veranstalter nehmen Fotografen nur dann in ihre Empfehlungsliste auf, wenn sie zuvor schon dort tätig waren.)

Ich rate Ihnen aber, nicht in die »Rabattfalle« zu tappen. Wenn Sie einem Ihrer Kunden einen Rabatt von 40 % gewähren, können Sie sicher sein, dass jeder in seinem Bekanntenkreis, der Sie engagieren möchte, über diesen Rabatt Bescheid weiß.

Und dann wird auch ein Freund *dieses* Kunden davon wissen, dann der nächste und so weiter. Besser ist es, dem Kunden einen Mehrwert zu bieten, statt ihm einen direkten Rabatt zu gewähren. Hinzu kommt, dass sich so mancher Kunde, dem ich einen Rabatt gewährt habe, zu einem wahren Alptraum entwickelt hat: Man reicht ihm den kleinen Finger und er greift nach der ganzen Hand. Er fordert immer mehr, weil er Ihre Zeit und Ihre Fachkompetenz nicht mehr respektiert.

Ermäßigungen für Freunde und Familienmitglieder: Wir alle haben enge Freunde und Familienmitglieder, die ihre Veranstaltungen oder Porträts von uns fotografieren lassen

möchten. Seien Sie sehr vorsichtig, wenn Sie Arbeit und Privatleben verknüpfen, denn diese Mischung kann sehr schnell in einer Katastrophe enden. Normalerweise lehne ich es höflich ab, die Hochzeiten von engen Freunden oder Familienmitgliedern zu fotografieren – und es macht mir auch gar keine Freude, ihre Familien oder irgendwelche anderen Porträts für sie zu fotografieren. Nichts zerstört Freundschaften zuverlässiger, als wenn Sie die Hochzeiten Ihrer Freunde fotografieren und ihnen dann die Bilder nicht gefallen. Wahrscheinlich werden sie Ihnen nie erzählen, wie enttäuscht sie sind, aber sie werden jedes Mal daran denken, wenn sie Sie sehen. Verzichten Sie einfach darauf und trennen Sie Ihre Freundschaften und Familienbeziehungen von Ihrem Berufsleben.

Natürlich gibt es Situationen, in denen sich so etwas nicht umgehen lässt. Nehmen wir an, Sie haben einen sehr engen Bekannten, der Sie für seine Hochzeit engagieren möchte. In dieser Situation könnten Sie dem Paar einen Freundschaftsrabatt gewähren. Genau das mache ich: Ich schlage dem Paar ein Hochzeitspaket vor, das mit 15.000 Dollar zu den teuersten gehört, und biete es dem Paar stattdessen für 5.000 Dollar zuzüglich aller Spesen und Servicegebühren an. Um den Handel zu versüßen, offeriere ich ihnen zudem alle bestellten Alben zum Selbstkostenpreis. Das ist ein tolles Schnäppchen, aber es wird sie immer noch über 8.000 Dollar kosten. Dieser Deal gibt dem Paar das Gefühl, dass sie einen großen Gegenwert von mir erhalten, aber der Preis ist auch noch hoch genug, dass sie meine Zeit und mein Fachwissen respektieren. Der Ansatz schreckt zudem auch andere Bekannte davon ab, um einen Preisnachlass zu bitten. Der Schlüssel liegt darin, ein so hochwertiges Angebotspaket zu schnüren, dass es trotz Rabatt immer noch teuer ist.

»Schmerz« verursachen und lindern

Der zweite Anreiz nach dem finanziellen ist »Schmerz«. Warum dieser seltsame Begriff? Was hat denn Schmerz mit der Preisstruktur zu tun? Der Begriff »Schmerz« stammt aus der Verbraucherforschung und meint ein Unbehagen oder Verlangen, das Konsumenten empfinden, wenn sie etwas brauchen oder wollen. Marketingspezialisten entwickeln Werbung, die bei Konsumenten ein so großes Verlangen nach einem Produkt wecken soll, dass diese Schmerz, Unbehagen oder den starken Drang verspüren, es zu kaufen! Sobald sie das getan haben, fühlen sie sich wieder befriedigt. Es handelt sich um einen psychologischen, nicht um einen körperlichen Schmerz. Konsumenten empfinden solchen Schmerz auch, wenn sie Angst haben. Es gibt viele Arten von Angst, aber für unsere Zwecke befassen wir uns mit der Angst, etwas zu verpassen (»Fear of Missing Out«, kurz FOMO).

Wenn Konsumenten das starke Verlangen verspüren, etwas zu besitzen, und nicht in der Lage sind, es zu erwerben, empfinden sie Schmerz. Um diesen Schmerz zu lindern, sind sie bereit, mehr zu investieren, um das gewünschte Produkt oder die gewünschte Dienstleistung zu erwerben. Wenn Sie diesen Schmerz nicht selbst kennen, stellen Sie ihn sich wie Kopfschmerzen vor. Wenn Sie Kopfschmerzen haben, kaufen Sie Aspirin, und wenn Sie hungrig sind, dann besorgen Sie sich etwas zu essen.

Im Zusammenhang mit dem Thema Preisgestaltung besteht das Konzept nun darin, psychischen Schmerz zu erzeugen, indem absichtlich etwas weggelassen wird, das für die Kunden wünschenswert oder vorteilhaft wäre.

Nehmen wir an, Sie sollen einen Schulabgänger fotografieren. Ihr Basispaket umfasst ein 45-minütiges Fotoshooting und ein kleines Album mit fünf vollständig bearbeiteten Fotos des Schulabgängers, jeweils im gleichen Outfit. Angenommen, Sie verlangen hierfür 300 Euro. An dieser Stelle sollten Sie den Kunden darauf hinweisen, inwiefern dieses Basispaket für den Durchschnittskunden noch zu wünschen übrig lässt und warum. Damit erzeugen Sie Schmerz. Wenn Sie nicht erklären, was der durchschnittliche Kunde kauft und warum, wird Ihr Gegenüber es nicht wissen und deshalb automatisch den kleinstmöglichen Betrag ausgeben wollen, um die Sache zu erledigen. Mit anderen Worten: Der potenzielle Kunde ist bedarfsmotiviert. Sie erinnern sich, dass solche Kunden nur das absolute Minimum kaufen, um ihr Bedürfnis zu befriedigen. Indem Sie erklären, welche Option Ihre Kunden sonst üblicherweise wählen und warum, kann er von einem bedarfsmotivierten zu einem erinnerungsmotivierten Kunden werden. Jetzt ist er mental bereit zu kaufen! So funktioniert diese Methode, und der Schlüssel dazu ist das aufklärende Gespräch mit dem Kunden.

Aber nach welcher Logik kann Ihr Basispaket Schmerz erzeugen? Die meisten Fotoshootings für Schulabsolventen beanspruchen mindestens eine Stunde, damit Sie brauchbare Fotos erhalten. Und ein Album mit fünf Bildern ist zwar schön, aber die meisten Leute wünschen sich mehr als fünf: Sie wollen zehn oder sogar zwanzig Fotodrucke. Außerdem wollen – zumindest in den Vereinigten Staaten – die meisten Schulabgänger in mindestens zwei unterschiedlichen Outfits fotografiert werden:

einmal etwa in ihrer Sportbekleidung und einmal eher modisch. Die Beschränkung auf ein Outfit erzeugt an dieser Stelle also Schmerz oder FOMO. Die Eltern in den USA verbringen Jahre damit, ihr Kind zum Training zu schicken und abzuholen, es zu Wettkämpfen zu fahren und dort anzufeuern, ehrenamtlich bei den Sportveranstaltungen zu helfen usw. Können Sie sich vorstellen, dass solche Eltern kein offizielles Foto ihres geliebten Kindes haben wollen, das sie an all die wunderbaren Jahre erinnert, die sie mit ihm beim Sport verbracht haben? Das wäre verrückt! Bereiten Sie sich auf diese Argumentation gut vor und behalten Sie sie vollständig im Gedächtnis, damit Sie sie Ihren Kunden in Ihren eigenen Worten erklären können. Sobald die Kunden die Logik dahinter verstanden haben, werden sie sich für eines Ihrer erweiterten Angebotspakete entscheiden.

Das ist die Technik der Schmerzerzeugung. Der Schlüssel liegt darin, den Preis Ihres Einstiegspakets und den damit erzeugten Schmerz aufeinander abzustimmen. Für 300 Euro können die Eltern nicht erwarten, dass der Fotograf ihr Kind fünf Stunden lang mit zehn verschiedenen Outfits fotografiert und ihnen ein hochwertiges Album mit 25 akkurat bearbeiteten Fotos liefert. Für 300 Euro erhalten sie jedoch ein 45-minütiges Fotoshooting mit Ihnen, und falls der Absolvent keinen Sport treibt, genügt vielleicht ein einziger schöner Anzug, und fünf bearbeitete Fotos in einem Album erscheinen zu diesem Preis mehr als fair.

Hochzeiten dauern in der Regel mindestens sechs Stunden, und Hochzeitsalben sollten wenigstens 100 Fotos enthalten, um die gesamte Veranstaltung angemessen darzustellen – das ist das absolute Minimum. Versuchen Sie mal, ein komplettes Hochzeitsalbum mit nur 100 Fotos zu gestalten. Das ist zwar möglich, aber mit vielen Einschränkungen verbunden. Viele tolle Fotos müssen aus dem Album fliegen, um nicht über die 100 Bilder zu kommen. Wertvolle Fotos wegzulassen, wäre doch wirklich schade – daher sorgt diese Aussicht bei den Kunden für Schmerz.

Wie erzeugen Sie also mit Ihrer Preisstruktur das richtige Maß an Schmerz? Am besten beginnen Sie mit Ihren Einstiegsprodukten und -dienstleistungen. Achten Sie darauf, dass Sie gerade so viel anbieten, dass die Menschen mit dem Preis noch zufrieden sind. Reduzieren Sie jedoch die Anzahl der Shooting-Stunden und Albenseiten und der am stärksten nachgefragten Produkte. Später erfahren Sie hierzu noch mehr.

Das Schmerzmittel: Geben Sie den Kunden jetzt das Mittel, um diesen Schmerz zu lindern. Dies ist das Produkt oder die Dienstleistung, das oder die sich Ihre Kunden am sehnlichsten wünschen. Solche Produkte oder Dienstleistungen sollten stets als Erweiterungen angeboten werden und niemals Bestandteil des Basispakets sein. Das ist der springende Punkt: Mit dem Basispaket bekommen Sie einen Fuß in die Tür, aber es lässt noch viel zu wünschen übrig (und erzeugt so den Schmerz). Und die erweiterten Leistungspakete (oder À-la-carte-Positionen) sind das passende Schmerzmittel.

Mit diesem Konzept, zuerst Schmerz zu erzeugen und dem Kunden dann ein Schmerzmittel verkaufen zu können, kurbeln Sie Ihren Umsatz an.

Betrachten wir es aus einer anderen Perspektive: Ein schmerzstillendes Angebot steht nicht für sich allein - es braucht einen Schmerz, den es stillen kann. Daher der Name »Schmerzmittel«: Bei der Gestaltung Ihrer Basisangebote müssen Sie zunächst herausfinden, was Ihre Schmerzerzeuger sind. Erst dann - und nur dann - können Sie Schmerzmittel als Abhilfe anbieten.

Dieselbe Methode funktioniert auch bei der Gestaltung Ihrer Preisstruktur. Wenn Sie Produkte nach dem Zufallsprinzip anbieten, nur weil sie attraktiv sind, verwirren Sie Ihre Kunden. Für jedes einzelne Produkt, das Sie anbieten, muss es einen psychologischen Grund geben: Welchen Schmerz wird es lindern? Es ist der Schmerz, der die Kunden zum Kauf motiviert.

Erinnern Sie sich an die drei Motivationsformen, die Menschen dazu bringen, einen Fotografen zu buchen: Erinnerungs-, Selbst- und Bedarfsmotivation. »Worin besteht die Motivation dieses Kunden?« ist die Frage, die Sie sich für jede einzelne Position in Ihrem Angebot beantworten sollten. Auch wenn diese Begriffe ungewohnt klingen, hängen sie mit authentischen Gefühlen zusammen, die Menschen beim Kauf von Produkten und Dienstleistungen empfinden.

Versierte Verkäufer wissen, wie sie beim Kunden genau den Schmerz erzeugen können, für den ihr Angebot die offensichtliche Lösung ist. Wenn Sie diesen Zusammenhang zwischen Ihren Angeboten und dem Schmerz des Kunden nicht herstellen, wird dieser schlichtweg nicht auf Ihre Angebote anspringen. Schlimmer noch: Er wird darin nur eine unnötige Kostenquelle erkennen, auf die er gar keinen Wert legt. Vielleicht bucht er Sie trotzdem, weil er einen Fotografen braucht, aber er wird Sie als Fotograf nicht wertschätzen. Er bucht Sie für den geringstmöglichen Betrag und verlangt dann einen erheblichen Preisnachlass oder er lässt Sie fallen wie eine heiße Kartoffel. Und nachdem Sie auf all seine Forderungen eingegangen sind, werden Sie wie eine angestellte Hilfskraft behandelt. Das klingt zwar hart, ist aber die bittere Wahrheit.

Verhandelbare Positionen

Verhandelbare Positionen sind wie kleine Waffen, die Sie bei Preisverhandlungen einsetzen können oder dann, wenn Sie um einen Rabatt gebeten werden. Diese Positionen sollten Sie auswendig kennen und jederzeit parat haben. Was ist das Besondere daran? Es sind Positionen in Ihrem À-la-carte-Menü, denen ein recht großer Wert beigemessen wird, die Sie aber tatsächlich nicht viel Geld, Zeit oder Mühe kosten. Das ist der Schlüssel: Diese Positionen wirken auf Ihrer Preisliste wertvoll, sind aber einfach herzustellen und verursachen nur minimale Kosten.

Bei mir ist beispielsweise die Größe des Fotoalbums verhandelbar, weil die meisten Kunden lieber ein größeres Hochzeitsalbum wollen als ein kleineres. Wenn ich beim Kundengespräch ein größeres Album zeige, dann wünscht sich der Kunde diese Größe. In meiner Preisliste kostet jeder Formatsprung 500 Dollar. Wenn das vom Kunden gewählte Leistungspaket ein 20×30-Album enthält und er das 30×40-Album möchte, das ich ihm gerade gezeigt habe, dann ist das ein Sprung von zwei Größen, kostet also zusätzlich 1.000 Dollar. Und was kostet es mich konkret, statt eines 20×30-Albums ein 30×40-Album zu bestellen? – Nur ein paar Hundert Dollar mehr. Und welchen Aufwand muss ich betreiben, um das größere Buch zu bestellen? – Ich muss dazu nur ein anderes Häkchen im Bestellformular setzen; zeitlich gesehen kostet es mich also gar nichts. Die konkreten Mehrkosten betragen 200 Dollar, aber der Kunde, dem ich diese Verbesserung bei den Verhandlungen kostenlos anbiete, bekommt sein Traumalbum und spart dabei 1.000 Dollar! Verstehen Sie, wie das funktioniert?

Diese verhandelbaren Positionen sind sehr effektive Werkzeuge, um ein Geschäft abzuschließen oder mit Kunden umzugehen, die nach Rabatten fragen. Sie erwecken damit den Anschein, als würden Sie Ihren Kunden entgegenkommen, um ihnen genau das Gewünschte zu bieten. Bei einem pauschalen Rabatt auf Ihre Gesamtrechnung können Sie Tausende von Euro einbüßen, eine verhandelbare Position kostet Sie dagegen nur wenige Hundert. In beiden Fällen wird Ihr Kunde den Deal als eine Art Rabatt betrachten und meistens damit zufrieden sein.

Um festzustellen, welche Posten als verhandelbare Positionen infrage kommen, sollten Sie für alle von Ihnen angebotenen Produkte und Dienstleistungen ermitteln, ob sie die folgenden drei Merkmale aufweisen – wenn dies der Fall ist, haben Sie Ihre verhandelbaren Positionen gefunden:

- Verhandelbare Positionen sind wertvolle und begehrenswerte Produkte oder Dienstleistungen, die die Kunden auch tatsächlich haben möchten. Wenn es sich um etwas handelt, das sowieso niemand will, ist es eine ziemlich schlechte verhandelbare Position.
- Verhandelbare Positionen dürfen nur wenig Aufwand und Zeit erfordern.
- Verhandelbare Positionen dürfen Sie in der Bereitstellung nicht viel Geld kosten.

Vergewissern Sie sich in Ihrem eigenen Interesse, dass Ihre verhandelbaren Positionen diese drei Kriterien erfüllen.

Ein weiteres Beispiel: Wenn ein Kunde oder einer seiner Angehörigen um ein besonderes Design für ein Hochzeits- oder Porträtalbum bittet, weil er für jemand Besonderes spezielle Fotos in das Album einfügen möchte, ist dies eine bedeutende Leistungserweiterung, die auch bezahlt werden muss. Das wäre das genaue Gegenteil einer verhandelbaren Position, denn ein komplett neues Layout zu entwerfen (zum Beispiel für die Eltern oder Großeltern) wäre mit einer Menge Arbeit verbunden! Sie müssten nicht nur abstimmen, welche Fotos für das zweite Album verwendet werden sollen, sondern auch einen komplett neuen Bildersatz retuschieren. Außerdem würde es Sie viele Stunden kosten, das neue Layout zu erstellen und die Änderungswünsche des Kunden umzusetzen. Und schließlich müssten Sie ziemlich viel Geld ausgeben, um ein neues Album zu kaufen. Bieten Sie also keine Produkte oder Dienstleistungen als verhandelbare Positionen an, die viel Zeit beanspruchen, im Einkauf viel Geld kosten oder Kopfzerbrechen bereiten – Sie würden es bereuen!

Die beste Strategie wäre, eine Liste mit geeigneten verhandelbaren Positionen zu erstellen, mit deren Hilfe Sie auf Rabatt-Anfragen reagieren oder einen neuen Auftrag an Land ziehen können. Wenn Kunden mich für ihre Hochzeit buchen wollen, aber Schwierigkeiten haben, den Zeitplan an eine bestimmte Stundenzahl anzupassen, biete ich in der Regel maximal zwei zusätzliche Stunden als verhandelbare Position vergünstigt an, um das Geschäft abzuschließen. Dies eignet sich deshalb als verhandelbare Position, weil ich sowieso schon auf der Hochzeit bin und es mich nicht umbringen wird, ein oder zwei Stunden länger zu bleiben. Nach zwei Stunden gehe ich aber grundsätzlich auf meinen normalen Stundensatz zurück. Indische Hochzeiten können teilweise bis zu 20 Stunden dauern – so lange möchte man nicht bleiben, ohne ordentlich dafür bezahlt zu werden.

Personalisierung

Personalisierung bedeutet, dass Sie Ihre Produkte oder Dienstleistungen exakt auf die Bedürfnisse oder den Stil Ihrer Kunden abstimmen. Diese wollen das Gefühl haben, ein individuelles Produkt oder Erlebnis von Ihnen zu erhalten. Die Strategie, deutlich personalisierte Angebote zu machen, wird für Kunden aus den oberen Preissegmenten Bände sprechen. Wer für Ihre Dienste einen hohen Preis bezahlt, wünscht sich auch, dass Ihr Angebot speziell auf ihn zugeschnitten ist und ein einzigartiges Erlebnis bietet.

Hier ein Beispiel, das die Wirksamkeit von Personalisierung verdeutlicht: Wenn Sie die Website des Elektroauto-Herstellers Tesla besuchen, werden Sie feststellen, dass Sie sich dort ein individuelles Auto zusammenstellen können. Beginnend mit dem Basismodell wählen Sie die Gestaltung des Armaturenbretts, die Reifengröße, die Sitz- und Wagenfarbe sowie die Anzahl und Art der Sitze. Wenn Sie diesen Prozess durchlaufen haben, fühlen Sie sich, als hätten Sie sich dieses Auto wirklich zu eigen gemacht. Das ist nicht einfach irgendein Tesla, sondern *Ihr* Tesla – ein großer Unterschied!

Wenn Sie Ihre Produkte und Dienstleistungen an den Geschmack und die Wünsche des Kunden anpassen, erhalten Sie ein wirkungsvolles Instrument, um ihm das Gefühl zu vermitteln, in den Prozess eingebunden zu sein. Die Kunden werden dadurch ihrerseits flexibler und sind eher bereit, mit Ihnen zu kooperieren, weil sie wissen, dass Sie das Angebot genau auf sie zuschneiden. Außerdem ist die Personalisierung von Produkten oder Dienstleistungen eine ideale Möglichkeit, ein höherwertiges Leistungspaket zu verkaufen.

Wie Sie den Inhalt dieses Kapitels anwenden

Dieses Kapitel ist sehr kompakt. Sie brauchten vielleicht nur 15 Minuten, um es zu lesen, es bedarf aber sorgfältiger Aufmerksamkeit, das Geschriebene in Ihre Preisstruktur zu implementieren. Am besten gehen Sie dazu schrittweise vor. Bleiben Sie bei Ihrer aktuellen Preisstruktur, bis Sie auf der Grundlage dieses Kapitels eine neue erstellt haben. Überstürzen Sie nichts.

Für alle Produkte und Dienstleistungen, die Sie Ihren Kunden anbieten, müssen Sie anhand der Werkzeuge zur Wertschöpfung herausfinden, wie sie sich am besten verkaufen lassen. Ist das neue Angebot zum Beispiel skalierbar? Falls ja, dann entwerfen Sie dafür die Optionen »gut«, »besser«, »am besten« und »außerordentlich«.

Als Nächstes müssen Sie sich fragen, welche Anreize es gibt, dieses Angebot zu nutzen. Öffnen Sie ein Schreibprogramm und listen Sie alle Arten von Anreizen auf, die bei diesem Angebot funktionieren würden.

Finden Sie dann heraus, ob es innerhalb dieses Angebots irgendwelche verhandelbaren Positionen gibt. Falls ja, prägen Sie sich diese gut ein, um sie sofort einsetzen zu können, sobald ein Kunde versucht, mit Ihnen zu verhandeln. Sie sollten auf gar keinen Fall unvorbereitet einem Vorschlag Ihres Kunden zustimmen und es dann später bereuen. Denken Sie daran, dass verhandelbare Positionen bei der Verhandlungsführung die Waffen Ihrer Wahl sind.

Abschließend sollten Sie sich auch fragen, ob dieses Angebot personalisiert werden könnte – und falls ja, dann wie.

KAPITEL 12

VERKAUFSMETHODE: ANGEBOTSPAKETE VERANKERN

Porträt- und Hochzeitsfotografen verkaufen ihre Angebote meist entweder zum Paketpreis oder à la carte (also jede Position einzeln). Ein Patentrezept gibt es hier nicht. Jeder Fotograf wählt die Methode, die seinen Bedürfnissen und der Art seiner Arbeit am ehesten entspricht. Die meisten Hochzeitsfotografen setzen auf Angebotspakete. Unter den Porträtfotografen gibt es zwei Lager: Die einen verkaufen zum Paketpreis und die anderen à la carte.

Am wichtigsten ist die Psychologie hinter der Preisgestaltung Ihrer Angebote. Wir befassen uns nun schon seit einigen Kapiteln mit diesen Techniken. Sehen wir uns jetzt die beiden beliebtesten Verkaufsstrategien mit ihren Vor- und Nachteilen näher an. In diesem Kapitel konzentrieren wir uns auf Angebotspakete.

Angebotspakete

Angebotspakete bestehen aus verschiedenen Produkten und Dienstleistungen, die sich gegenseitig ergänzen und so ein Gesamtpaket bilden. Die Pakete selbst lassen sich im Umfang beliebig anpassen, und auch die Objekte innerhalb der Pakete können entsprechend skaliert werden. Dies wiederum bedeutet, dass Sie eine gute, bessere, beste sowie eine außerordentliche Version der Pakete oder der darin enthaltenen Objekte anbieten können. Zur Skalierung der Elemente in einem Paket greifen Sie auf das À-la-carte-Menü zurück.

Denn selbst wenn Sie Paketpreise festlegen, müssen Sie trotzdem ein À-la-carte-Menü bereithalten. Damit können Sie die Angebote individualisieren, falls ein Kunde einige Elemente austauschen möchte. Dort können Sie auch die Qualitäts- und Preisabstufungen »gut«, »besser«, »am besten« sowie »außerordentlich« ausweisen. Schließlich erkennen die Kunden im À-la-carte-Menü auch, wie gut der Paketpreis gegenüber den einzelnen Produkten aus dem À-la-carte-Menü doch ist und wie viel sie damit sparen können.

Vor- und Nachteile beim Verkauf von Angebotspaketen

Vorteile: Wenn Sie Ihre Arbeit hauptsächlich als Preispaket vermarkten, haben Sie den Vorteil, dass Sie darin Produkte platzieren können, an deren Kauf die Kunden normalerweise nie gedacht oder die sie niemals einzeln gekauft hätten. Bei den Kunden sind solche Pakete extrem beliebt. Als Fotograf haben Sie mehr Kontrolle darüber, was den Kunden sowohl kurzfristig als auch langfristig gefallen wird. Die Kunden kennen nicht alle verfügbaren Angebote, weil sie branchenfremd sind. Was den Verkauf betrifft, sparen sie mit dem Paketpreis, wie gesagt, gegenüber dem Erwerb jedes einzelnen Artikels. So bekommen sie das Gefühl, mehr für ihr Geld zu erhalten. Und Sie wiederum bekommen mit Angebotspaketen leichter mehr Produkte verkauft als über einzelne Positionen.

Nachteile: Die Kehrseite des Verkaufs von Paketen besteht darin, dass der Einstiegspreis deutlich höher liegt, weil das Paket mehrere Produkte enthält. Dieser Einstiegspreis hängt natürlich davon ab, wie Sie Ihr Angebot strukturieren. Das zweite große Problem ist, dass die enthaltenen Produkte vom Fotografen und nicht vom Kunden ausgewählt werden. Der Kunde lernt hierdurch zwar Produkte oder Dienstleistungen kennen, die er sonst nicht gekauft hätte, aber er wird das Paket doch auch oft individualisieren wollen. Hier beginnen dann oft die Diskussionen und die Suche nach einem annähernd gleichwertigen Ersatz, der den Kunden zufriedenstellt. Das ist leichter gesagt als getan.

Welche Auswahl an Produkten und Dienstleistungen können Sie anbieten?

Die beiden folgenden Listen (»Welche Produkte Sie Ihren Kunden anbieten können« und »Welche Dienstleistungen Sie Ihren Kunden anbieten können«) enthalten nahezu sämtliche denkbaren Produkte und Dienstleistungen - ganz egal, ob Sie Porträt- oder Hochzeitsfotograf sind, und unabhängig davon, auf welchem Niveau Sie sich dabei bewegen. Mit diesen beiden Listen können Sie sich hinsetzen und die perfekte Kombination aus Produkten und Dienstleistungen ausarbeiten, die für Ihre Kunden am attraktivsten ist.

Sobald Sie Ihre Produkte ausgewählt haben, müssen Sie sich davon Muster für Ihr Studio besorgen. Denken Sie daran, dass die Menschen das kaufen, was sie sehen und anfassen können. So beginnen Sie also damit, die idealen Paketangebote zu schnüren. Diese Listen habe ich für Fotografen entworfen, damit sie sich im Dickicht der möglichen Produkte und Dienstleistungen besser zurechtfinden und daraus auswählen können. Es ist unglaublich, wie viele Produkte die Hersteller uns verkaufen wollen, die wir dann letztlich unseren Kunden anbieten sollen. Aber das ist auch gut so, denn wir wollen unseren Kunden schließlich Auswahlmöglichkeiten bieten. Wir müssen einfach nur eine sehr gute Vorauswahl der Produkte und Dienstleistungen treffen, die wir in unser eigenes Programm aufnehmen.

Um die riesige Menge an Produkten und Dienstleistungen besser zu überblicken, teilen wir sie sinnvollerweise in einige wenige Kategorien ein. Es ist schon überraschend, dass Abertausende verfügbare Optionen in lediglich sieben Produkt- und sechs Dienstleistungskategorien passen.

Welche Produkte Sie Ihren Kunden anbieten können

- digitale Fotodateien auf einem Datenträger wie etwa einem USB-Stick oder einer Festplatte
- Drucke aller Art, wie etwa Einladungen, Gruß- und Postkarten
- Fotodrucke auf allerlei Oberflächen wie etwa Kaffeebechern, Handtüchern, Schlüsselanhängern oder Kleidung
- mit Passepartout versehene oder aufgezogene Fotodrucke, unterschiedlich präsentiert
- Fotobücher aller Art, auch im Stil einer Zeitschrift
- Wandbilder jeder Art ohne klassische Rahmung, etwa auf Leinwand, Metall oder Acryl
- Wandbilder mit Rahmen und Passepartout

Welche Dienstleistungen Sie Ihren Kunden anbieten können

- Fotoshootings jeglicher Art und Dauer, auch mit Videoaufnahmen und Flugdrohnen
- digitale Fotos zum Download über eine Galerie-Website oder einen Online-Speicheranbieter wie etwa Dropbox
- verschiedene Stufen der Nachbearbeitung oder Retusche der Fotos
- Gestaltung und Layout von Büchern, Einladungen, Katalogen, Broschüren, Collagen, Zeitschriften usw.
- zusätzliche Assistenten oder Fotografen mit ihren jeweiligen Fachkenntnissen
- kreative Teammitglieder wie Visagisten, Mode- und Haarstylisten und Requisiteure mit ihren jeweiligen Fachkenntnissen

Pakete verankern

Oft heißt es, man solle Kunden nur drei Pakete zur Auswahl anbieten. Dies ist ein guter Rat, handelt es sich dabei doch um eine überschaubare und leicht verständliche Menge. Wie so oft im Leben habe ich jedoch festgestellt, dass dieser Rat ein paar gewichtige Schwachpunkte aufweist. Wenn Sie nur drei Pakete anbieten, bleibt Ihnen nicht viel Spielraum für ein einfaches Starterpaket, das wie ein »Fuß in der Tür« wirkt. Dabei bieten Sie einen erschwinglichen Einstiegspreis, und wenn Sie den Kunden einmal an der Angel haben, können Sie ihm von dort ausgehend immer noch teurere Produkte verkaufen. Darüber hinaus können Sie bei lediglich drei Paketen auch keine außerordentlich teure Variante anbieten, die alle anderen Pakete als das aussehen lässt, was sie sind: kleiner.

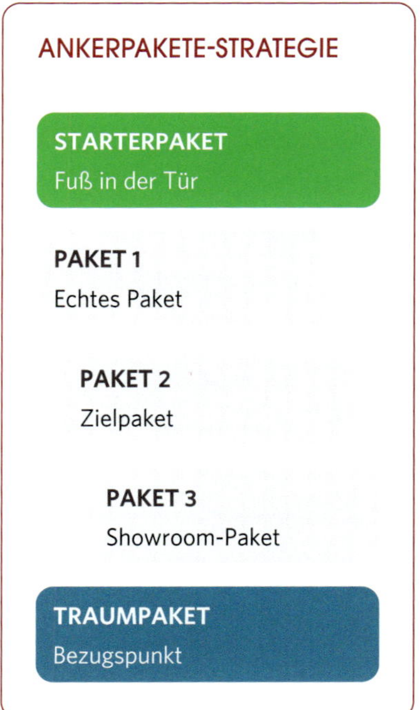

Die rechts gezeigte Struktur gefällt mir am besten. Auf den ersten Blick umfasst diese Strategie scheinbar fünf Preispakete, aber in Wirklichkeit handelt es sich um eine Abwandlung der Strategie mit drei Paketen. Das erste und das letzte Paket sind für mich einfach nur »Anker«. Das erste Ankerpaket ist der »Fuß in der Tür«, um Kunden zur Buchung zu bewegen, und das letzte Ankerpaket ist das »Traumpaket«. Das Traumpaket ist im Vergleich zu den übrigen Optionen so unverschämt teuer, dass alle anderen Varianten im Vergleich dazu erschwinglich erscheinen.

Sie sollten also zwei Anker und die drei Preispakete dazwischen vorsehen. Es müssen nicht unbedingt drei Angebote zwischen den Ankern sein. Sie können auch nur zwei, vier oder sogar fünf Pakete anbieten. Achten Sie lediglich darauf, dass Sie am Anfang ein Starterpaket und am Ende ein Traumpaket als Anker bieten.

Die Ankerpakete-Strategie im Detail

Das Starterpaket: Ihr Fuß in der Tür

Dieses Paket lockt geeignete Kunden zu Ihnen. Der Zweck dieses Pakets besteht einfach darin, Menschen zu animieren, Ihre Kunden zu werden. Der Preis ist niedrig genug, um die Leute nicht direkt abzuschrecken. Dennoch sollten Sie den Preis hoch genug ansetzen, um ungeeignete Kunden auszusortieren.

Bei einem Porträtfotografen könnte dieses Angebotspaket beispielsweise 300 Euro kosten und ein kurzes, 30-minütiges Fotoshooting umfassen. Dreißig Minuten sind für ein richtiges Shooting zu kurz, aber lang genug, um die grundlegenden Wünsche eines Kunden zu erfüllen. Wenn Sie für dieses Paket 25 Euro verlangen würden, müssten Sie pausenlos arbeiten und würden niemals Geld verdienen.

Der Schlüssel liegt darin, den Preis für das Starterpaket so festzulegen, dass er zwar einladend wirkt, zugleich aber auch unerwünschte Kundengruppen ausschließt.

Paket 1: Das erste richtige Paket

Das erste »echte« Paket enthält eine Reihe von Produkten und Dienstleistungen, die die grundlegenden Bedürfnisse des Kunden befriedigen. In diesem Paket bieten Sie dem Kunden eine umfassendere Betreuung, aber immer noch auf nur grundlegendem Niveau. Dieses Paket sollte beim Kunden Schmerz erzeugen, sodass er als Schmerzmittel zum nächsthöheren Paket greift. Wenn Sie Ihre Pakete nicht vernünftig strukturieren, wird dieses erste Paket das beliebteste sein. Das sollten Sie vermeiden.

Paket 2: Das Zielpaket

Das ist Ihr Zielpaket. Die Strategie Ihrer Preisstruktur zielt darauf ab, dass die Kunden zu diesem Paket greifen. Aus diesem Grund sollte das Zielpaket zugleich auch Ihr profitabelstes sein. Die Kombination der Angebote sollte eine gewisse Linderung des von Paket 1 verursachten Schmerzes bieten, aber keine vollständige – sonst würden die Kunden keinen Sinn mehr in einem Upgrade auf das dritte Paket erkennen.

Nehmen Sie sich Zeit, dieses Zielpaket zusammenzustellen, denn Sie müssen dafür sorgen, dass es einen guten Kompromiss für all jene darstellt, die nicht das Geld für Paket 3 ausgeben wollen. Gleichzeitig müssen Sie aber die enthaltenen Produkte und Dienstleistungen mit Bedacht auswählen, damit Ihre Gewinnspanne für dieses Paket am höchsten ausfällt.

Paket 3: Das Showroom-Paket

Dies ist das Paket für Ihren Showroom. Es ist das erste Paket, das Sie Ihren Kunden in physischer Form präsentieren, und es enthält eine umfassende Kombination begehrenswerter Produkte und Dienstleistungen.

Warum nenne ich es »Showroom-Paket«? Die Strategie besteht darin, dem potenziellen Kunden das Beste zu zeigen, was Sie zu bieten haben, und ihm die bestmögliche Betreuung anzubieten. Sie sollten sämtliche Muster vorhalten, und jedes von Ihnen gezeigte Produkt sollte absolut sauber und in erstklassigem Zustand sein. Bei der Handhabung und Präsentation der Produkte trage ich Fotohandschuhe aus weißem Stoff. Damit vermittele ich den Eindruck, dass ich meiner Kunst Respekt entgegenbringe. Einige Fotografen signieren ihre Fotodrucke, Alben, Wandbilder und übrigen Produkte sogar.

Wenn Sie potenziellen Kunden zeigen, was Sie möglich machen können, beeindrucken Sie sie mit Ihren Angeboten, und in ihnen wird sich das Gefühl, all das zu wollen, breitmachen (Schmerzerzeugung). Dieses Paket ähnelt dem prominent präsentierten, glänzenden Auto mit Vollausstattung im Showroom eines Autohauses. Es ist ein Köder. Wenn sie erst einmal angebissen haben, werden die Kunden sich überlegen, ob sie sich das leisten können.

Wenn nicht, werden sie als Kompromiss auf Paket 2 ausweichen, das ich deshalb auch als »Zielpaket« bezeichne. Das Showroom-Paket sollte eine ähnliche Gewinnspanne wie das Zielpaket aufweisen.

Das Traumpaket: Ihr Bezugspunkt

Der Zweck des Traumpakets ist es, alle anderen Pakete preislich zu relativieren. Wenn eine Person ein Juweliergeschäft betritt und einen Diamantring mit einem Preisschild von 50.000 Euro sieht, dann erscheinen alle anderen Ringe, die 10.000 bis 20.000 Euro kosten, wie ein Schnäppchen. Selbst wenn diese Person nur über ein Budget von 7.000 Euro verfügt, kauft sie dann vielleicht einfach einen teureren Ring. Das ist die »Macht der großen Zahl«.

Außerdem gibt es für jedes Paket den passenden Kunden. Wer sagt denn, dass niemand Ihr Traumpaket buchen wird? Dessen können Sie sich allenfalls sicher sein, wenn Sie es gar nicht erst anbieten.

Anzahlungsstrategie

Um das Geschäft problemlos unter Dach und Fach zu bringen, halte ich es für das Beste, von Ihrem Kunden eine Anzahlung (einen Vorschuss) zwischen 15 und 25 % des Gesamtpreises zu verlangen. Mit 15 bis 25 % ist dieser Betrag so niedrig, dass der Kunde ihn bezahlt, ohne mit der Wimper zu zucken, und dann durch die Unterzeichnung eines Vertrags alles offiziell macht. Mündliche Zusagen sind wertlos, solange Sie nicht Ihre Anzahlung bekommen haben und ein Vertrag unterzeichnet wurde. Freuen Sie sich also nicht zu früh.

Wenn Sie höhere Anzahlungen verlangen (zum Beispiel 50 %), müssen potenzielle Kunden ihre Entscheidung oft zu Hause übers Wochenende überdenken. Bis dahin könnte der Zug für Sie schon abgefahren sein, und die Interessenten haben vielleicht bereits jemand anderen gebucht. Sichern Sie sich Ihre Anzahlung daher immer so schnell wie möglich. Auch wenn es nicht immer möglich ist, wäre das Treffen der ideale Zeitpunkt dafür.

Sobald der Kunde die geringe Anzahlung geleistet hat, ist er so stark an Sie gebunden, dass er seine Meinung nicht mehr ändern wird. Tatsächlich empfehle ich Ihnen, dass Sie sehr bald nach Erhalt der Anzahlung mit dem Kunden in Kontakt treten, damit er erkennt, dass von Ihrer Seite Bewegung in die Sache kommt. Er wird dann nicht einmal mehr daran denken, einen anderen Fotografen zu suchen.

Was den Restbetrag betrifft, so könnte dieser in Raten oder auf einmal beglichen werden. Einen Monat vor dem Fotoshooting sollte jedoch alles bezahlt sein.

Exemplarische Gewinnspannen für Porträt- und Hochzeitsfotografen

Es ist nun an der Zeit, den gesamten Ablauf auf den Prüfstand zu stellen und zu sehen, wie sich das alles in finanzieller Hinsicht rechnet. Sie sollten für jedes Produkt und jede Dienstleistung, die Sie Ihren Kunden anbieten, Ihre Gewinnspanne ermitteln. Warum die ganze Arbeit? Weil es sich unterm Strich auszahlt! Wenn Sie dies für alle von Ihnen angebotenen Produkte oder Dienstleistungen tun, wissen Sie hinterher genau, was Sie warum anbieten können und wie Sie es am besten verkaufen.

Es ist relativ einfach, den Preis der Pakete je nach ihrem Umfang immer höher anzusetzen. Wir sind aber entschlossen, unser Verkaufs- und Gewinnpotenzial zu maximieren! Ich weiß, das Erstellen einer soliden Preisstruktur ist zeitaufwendig, aber Sie müssen es auch nicht ständig wiederholen. Wenn Sie erst einmal eine Struktur gefunden haben, können Sie zukünftig kleinere Änderungen an ihr vornehmen, wenn sich Ihr Angebot und Ihr Geschäft entwickeln und wachsen. Im Grundsatz werden die Pakete jedoch unverändert bleiben. Hier lohnt es sich, Zeit zu investieren und gründlich vorzugehen.

Bei der Gestaltung Ihrer Paketpreise müssen Sie Ihre genaue Gewinnspanne für jedes Paket kennen. Überspringen Sie diesen Schritt nicht. Ohne Kenntnis der genauen Marge befinden Sie sich im finanziellen Blindflug.

Vereinfachte Ermittlung der Gewinnspanne

Die Berechnung Ihrer Gewinnspanne ist ebenso einfach wie wichtig. Mir ist aufgefallen, dass viele Fotografen bei der Berechnung außer Acht lassen, wie viel Zeit sie im Zuge des Entwurfs und der Gestaltung ihrer Produkte für die Nachbearbeitung aufgewendet haben. Das ist ein großer Fehler. Die Zeit, die Sie am Computer verbringen, um Fotos zu bearbeiten, Alben zu gestalten und Produkte zu bestellen, ist Geld wert und sollte stets mit eingerechnet werden. Da wir das Ganze vereinfachen wollen, konzentrieren wir uns nur auf die größeren Kosten, die bei einem kompletten Fotoshooting für einen Kunden anfallen. Falls Sie Kapitel 10 übersprungen haben sollten: Dort habe ich ausführlicher erklärt, wie Sie die Herstellungskosten Ihrer Produkte berechnen. Aber nochmals: Wir sind keine Buchhalter. Ich bin mir sehr wohl bewusst, dass wir einige Kosten bei der Berechnung der Herstellungskosten übergehen, aber der Einfachheit halber konzentrieren wir uns nur auf die größten und offensichtlichsten Kostenblöcke.

Um die Gewinnspanne für eines Ihrer Pakete zu ermitteln, benötigen Sie einige Informationen:

Rohgewinn: Der Rohgewinn ergibt sich aus dem Umsatz minus den Herstellungskosten.

Umsatz: Diesen Betrag haben Sie von Ihrem Kunden für das Paket erhalten.

Herstellungskosten: Um Ihre Herstellungskosten nach dieser vereinfachten Methode zu ermitteln, müssen Sie nur Folgendes wissen: die Gesamtkosten für die Produkte, die Sie in diesem Paket anbieten, zuzüglich des Werts Ihrer Arbeitszeit für die Nachbearbeitung (siehe unten), zuzüglich aller zusätzlichen direkten Arbeitskosten etwa für Assistenten, Visagisten und Friseure.

Arbeitszeit für die Nachbearbeitung: Sie müssen ermitteln, was Ihre Nachbearbeitungszeit wert ist. Damit sind die vielen Stunden gemeint, die Sie für das Aussuchen von Fotos, das Retuschieren, Organisieren, Gestalten von Alben, das Erstellen von Diashows und das Bestellen der Produkte aufgewendet haben. Im Grunde ist es die gesamte Zeit, die Sie am Computer verbringen, bis eine Bestellung vollständig abgeschlossen ist. Für diese Berechnung muss ich eine allgemeine Annahme treffen. Sie können diese Werte ändern, wie Sie es für richtig halten, obwohl ich sie zumindest in den Vereinigten Staaten für einen guten Durchschnitt halte. In Europa ist es ganz ähnlich, da der Eurokurs ja immer recht nahe am US-Dollar liegt. Mit diesen Werten rechne ich jedenfalls meine eigenen Gewinnspannen pro Angebotspaket aus.

Hier ist die Aufschlüsselung: Wenn Sie in puncto Bildredaktion, Retusche und Gestaltung ein Anfänger sind, setze ich Ihren Stundensatz für die Nachbearbeitung mit 50 Euro an. Wenn Sie über ein mittleres Qualifikationsniveau verfügen, liegt Ihr Wert bei 75 Euro pro Stunde. Und wenn Sie ein Vollzeit-Profi und geübter Bildbearbeiter sind, liegt Ihr Stundensatz bei 150 Euro. (Zur Berechnung der Gewinnmargen meiner eigenen Pakete setze ich den höheren Stundensatz von 150 Euro an.) Sobald Sie diese Zahlen ermittelt haben, können Sie Ihre Gewinnspanne berechnen.

Gewinnspanne: Ihre Gewinnspanne für ein bestimmtes Paket berechnet sich schließlich aus dem Rohgewinn geteilt durch den Umsatz.

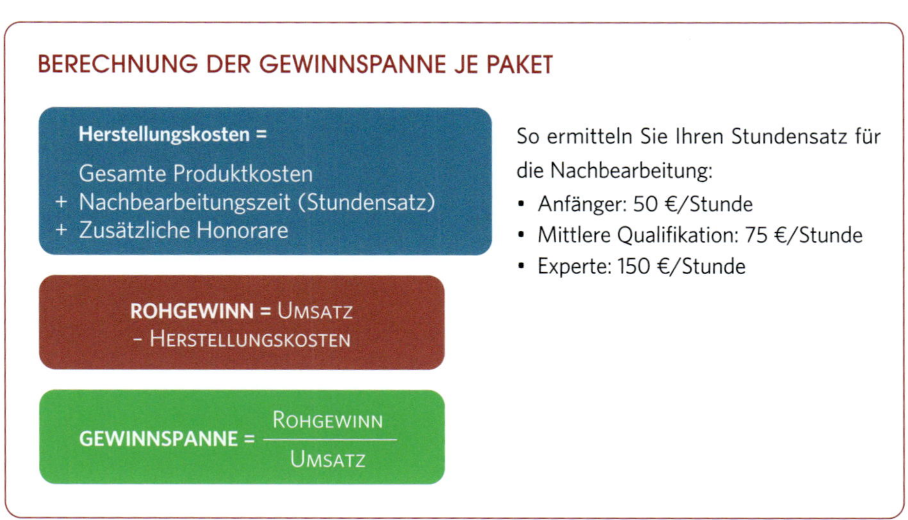

Beispiel für die Gewinnspanne

- **Paketpreis (Umsatz):** 5.000 €
- **Herstellungskosten:** Gesamte Produktkosten + Nachbearbeitungszeit + zusätzliche Honorare: Nehmen wir an, die Gesamtkosten der Produkte betragen 1.500 Euro. Nehmen wir außerdem an, Sie haben acht Arbeitsstunden mit der Nachbearbeitung zugebracht und verfügen über ein mittleres Qualifikationsniveau, was 8×75€ = 600€ entspricht. Schließlich haben Sie noch einen Assistenten für die Beleuchtung eingestellt, der von Ihnen 250€ erhielt. Damit liegen Ihre Herstellungskosten bei 2.350€.
- **Rohgewinn:** 5.000€ - 2.350€ = 2.650€
- **Gewinnspanne:** 2.650€ ÷ 5.000€ = 53%

Eine Gewinnspanne von 53% wird von Mensch zu Mensch unterschiedlich wahrgenommen. Ich würde dies als eine »zufriedenstellende« Marge bezeichnen. Hervorragende Margen liegen zwischen 60 und 70%. Mit meinem Fotostudio erziele ich im Durchschnitt eine Gewinnspanne von etwa 60%. Einige meiner Pakete sind profitabler als andere, aber der Durchschnitt liegt bei etwa 60%.

Bei einer Gewinnspanne von über 70% würde ich mir langsam Sorgen machen, qualitativ geringwertigere Produkte zu einem überteuerten Preis anzubieten. Damit kommen Sie vielleicht eine gewisse Zeitlang durch, aber auf lange Sicht würde das nicht gut gehen. Sie verlieren das Vertrauen Ihrer Kunden, und es wird sehr schwierig, dieses Vertrauen zurückzugewinnen. Außerdem würde sich herumsprechen, dass Sie für Ihre Produkte viel zu viel verlangen.

Eine Möglichkeit, die Gewinnspanne zu erhöhen, besteht darin, die für die Nachbearbeitung aufgewendete Zeit zu verkürzen. Investieren Sie in Ihr Know-how, damit Sie Ihre Fotos direkt in der Kamera besser hinbekommen. Sie sollten in der Postproduktion nicht mehr viel reparieren müssen - sondern eigentlich nur ein bereits solides Foto noch etwas verbessern. Verbessern geht viel schneller als Reparieren.

Eine tragfähige Gewinnspanne herzustellen, ist ein Balanceakt. Ihre Kunden erwarten auch mehr, wenn sie mehr bezahlen. Deshalb müssen die Qualität Ihrer Arbeit, die ausgelieferten Produkte und die Liebe zum Detail gut zusammenpassen! Sie können nicht einfach Ihre Preise erhöhen, nur weil Sie gerade eine Reihe inspirierender Motivationsvorträge gehört haben und sich jetzt unbesiegbar fühlen. In der realen Welt müssen Sie bei jeder Preiserhöhung auch auf Ihre Gegenleistung für die Kunden schauen. Ausgewogenheit ist hier entscheidend!

Zur Wiederholung: Sie sollten Ihre Gewinnspanne für jedes der von Ihnen angebotenen Pakete berechnen. Auf diese Weise können Sie Änderungen an Ihren Paketen vornehmen, um Ihre Gewinnspannen zu maximieren. Denken Sie daran, dass das Zielpaket (Paket 2) und das Showroom-Paket (Paket 3) die höchsten Gewinnspannen aufweisen sollten.

Da ich hier unmöglich auf jedes Produkt und jede Dienstleistung eingehen kann, die Fotografen weltweit in der Hochzeits- und der Porträtfotografie anbieten könnten, werde ich Ihnen den Ablauf Schritt für Schritt anhand einiger weniger Beispiele erläutern und Ihnen den Rest selbst überlassen. Ansonsten würde allein dieses Kapitel ein ganzes Buch füllen.

Beginnen wir mit einer Porträt-Session für Paare. Wenn Sie keine Paare fotografieren, ersetzen Sie einfach die Worte »Paarfotos« durch »Familienfotos« oder »Absolventenfotos«. Ziel dieser Beispiele ist es, Ihnen die Logik hinter den von Ihnen angebotenen Produkten oder Dienstleistungen aufzuzeigen. Konzentrieren Sie sich auf die Logik, nicht auf das Genre. Wenn Sie die Logik verstehen, können Sie sie auf beliebige Fälle anwenden, unabhängig davon, worauf Sie sich spezialisiert haben.

Im Folgenden schlüssele ich die Überlegungen hinter dem gesamten Preisfindungsablauf auf. Wenn Sie diesen Prozess für alle von Ihnen angebotenen Produkte und Dienstleistungen durchlaufen, werden Sie Ihren Absatz und Ihre Gewinnspannen maximieren. Es folgt das anschauliche Flussdiagramm der kundenzentrierten Preisstrategie, das wir im vorigen Kapitel besprochen haben.

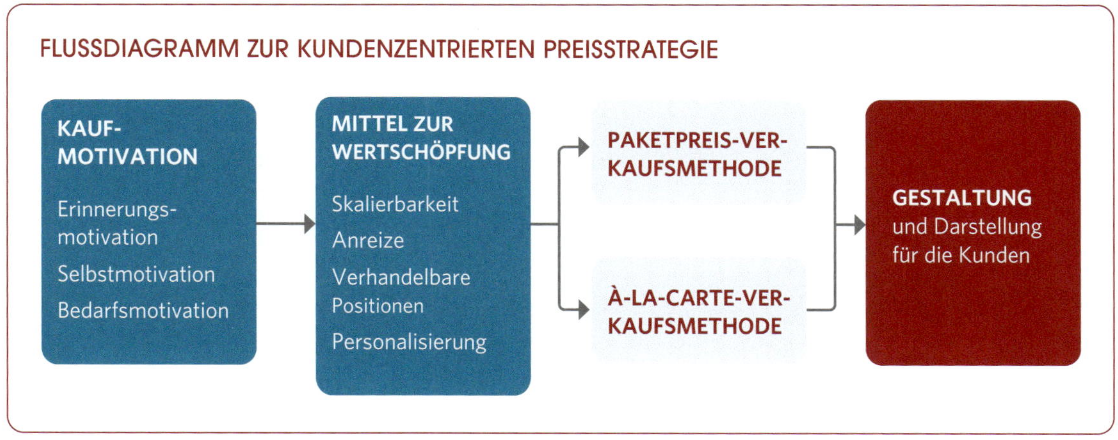

Preisbeispiel: Porträt-Session für Paare

Kaufmotivation

Die Porträt-Session eines Paars ist selbst- und bedarfsmotiviert. Paare buchen sie für sich selbst, um ihre Verlobung zu feiern. Außerdem brauchen sie professionelle Fotos für ihre Hochzeitsankündigungen.

Ich habe bereits erwähnt, dass selbstmotivierte Menschen bereit sind, eine ganze Menge Geld auszugeben. Sie müssen möglicherweise nur noch den Mehrwert erkennen und sich die Möglichkeiten vorstellen, um ihr Budget auszuweiten. Das Potenzial ist in jedem Fall vorhanden.

Werkzeuge zur Wertschöpfung

Skalierbarkeit: Eine Porträt-Session für Paare und die damit verbundenen Produkte lassen sich definitiv skalieren. Sie können Einsteiger-, Ziel-, Showroom- und Traumpakete schnüren. Um den Preis für diese skalierbaren Leistungspakete zu ermitteln, müssen Sie die Kosten für alle Produkte und Dienstleistungen, den Wert der angebotenen Nachbearbeitungszeit sowie die Kosten für zusätzliche Arbeit berechnen. Sobald Sie diese Zahl ermittelt haben, stellen Sie dem Kunden einen Betrag in Rechnung, der Ihnen eine Gewinnspanne von 50–70 % einbringt. Unten sehen Sie ein Beispiel für skalierbare Pakete, an dem Sie erkennen können, wie die Umsetzung der Ankerpakete-Strategie aussieht. Ich habe keine spezifischen Preise angegeben, weil die Kosten für jedes dieser Pakete von Fall zu Fall sehr unterschiedlich sind, und darum geht es in diesem Beispiel auch gar nicht. Stattdessen möchte ich, dass Sie sich auf die Struktur und die Logik konzentrieren, mit der jedes Paket auf dem vorhergehenden aufbaut, und darauf, wie sie alle miteinander in Beziehung stehen.

STARTERPAKET (Fuß in der Tür)

- 30-minütige Fotosession
- bis zu zwei Kilometer vom Fotostudio entfernt
- 3–5 retuschierte Digitalfotos in mittlerer Auflösung
- Preis: €

PAKET 1 (Zielpaket)

- 2-stündige Fotosession
- bis zu 15 Kilometer vom Fotostudio entfernt
- 10 oder mehr Digitalfotos in mittlerer Auflösung
- 300 € Guthaben für Fotodrucke aus dem À-la-carte-Menü
- Preis: €€

PAKET 2 (Showroom-Paket)

- bis zu 6-stündige Fotosession
- verschiedene Locations
- hochauflösende JPEG-Dateien (20 oder mehr)
- 1.000 € Guthaben für Fotodrucke aus dem À-la-carte-Menü oder für ein Fotobuch
- Visagist und Hairstylist während des Fotoshootings
- Fotografieassistent
- Preis: €€€

TRAUMPAKET (Bezugspunkt)

- 2- bis 3-tägige Fotosession
- weltweites Shooting
- hochauflösende JPEG-Dateien (30 oder mehr)
- 5.000 € Guthaben für Fotodrucke aus dem À-la-carte-Menü
- Visagist und Hairstylist während des Fotoshootings
- Fotografieassistent
- Verlobungsalbum: beliebiger Albentyp, beliebige Größe, beliebige Anzahl von Layouts bis zur maximalen Anzahl meisterhaft retuschierter Fotos im Fotobuch
- Preis: €€€€€€

Anreize: Da dieses Verlobungs-Fotosession-Angebot skalierbar ist, enthält es auch einen skalierbaren finanziellen Anreiz. Wenn ein Kunde das nächsthöhere Angebot wählt, erhöht sich auch der erhaltene Gegenwert. Beachten Sie, dass das Druckguthaben in Paket 1.300 € beträgt. Aber bei der nächsten Option, Paket 2, hat sich das Guthaben für Fotodrucke nicht nur verdoppelt, sondern mit 1.000 € mehr als verdreifacht. Und das zusätzlich zu all den anderen Leistungen, die der Kunde in diesem Paket erhält.

Schmerz: Um einen Schmerzreiz zu erzeugen, sollten Sie dem Kunden Paket 2 präsentieren. In diesem Beispiel ist das die Showroom-Option. Diese liefert die beste Erfahrung, die Sie bei einem Verlobungsshooting zu bieten haben (abgesehen vom absurd teuren Traumpaket).

Damit dies funktioniert, sollten Sie wirklich alles, was Sie anbieten, als Muster vorhalten. In diesem Fall gibt es ein Druckguthaben von 1.000 €. Daher sollten Sie zeigen, wie gerahmte Fotos im Wert von 1.000 € aussehen würden. Es könnte sich um ein großes gerahmtes Wandbild oder um drei kleinere gerahmte Bilder handeln. Da das Druckguthaben auch für ein Fotoalbum eingesetzt werden kann, sollten Sie außerdem ein schönes Musteralbum im Wert von 1.000 € bereithalten. Denken Sie immer daran, dass die Leute das kaufen, was sie sehen, anfassen und fühlen können. Sobald sie sich darin verlieben und sich selbst auf den Fotos vorstellen, werden sie »Schmerz« empfinden, weil sie diese Option unbedingt haben wollen. Und der beste Weg für das Paar, diesen intensiven Schmerz zu vertreiben, ist natürlich die Buchung der Verlobungs-Fotosession bei Ihnen!

Schmerzlinderung: An diesem Punkt spüren Ihre Kunden den Schmerz und sind bereit, für seine Beseitigung zu bezahlen. Nun rechnen Sie bereits damit, dass sie die von Ihnen gezeigte Option (Paket 2) vielleicht nicht kaufen können, da diese doch recht teuer ist. Höchstwahrscheinlich werden sie daher Paket 1 buchen. Das ist ihr Schmerzmittel. Da Sie wissen, dass die meisten Leute Paket 1 kaufen werden, ist es unbedingt notwendig, dass Sie diese Option mit Blick auf Ihren Zeit- und Geldeinsatz zur profitabelsten machen.

Sehen Sie sich Paket 2 genauer an. Hier würden Sie nicht nur sechs Stunden lang fotografieren, sondern müssten auch eine Hairstylistin, eine Visagistin und einen Assistenten engagieren. Was passiert, wenn einer von ihnen zu spät kommt oder krank wird? Es ist immer ein Risiko, sich auf andere verlassen zu müssen. Paket 1 beinhaltet dagegen nur ein schnelles zweistündiges Fotoshooting. Sie brauchen dazu keine Assistenten oder Visagisten. Sie können das Shooting durchziehen und haben trotzdem noch den Rest des Tages Zeit. Zeit ist wichtig! Deshalb nenne ich Paket 1 das Ziel-Paket. Denn dieses strebe ich an!

Verhandelbare Positionen: Jetzt müssen wir herausfinden, was unsere verhandelbaren Elemente sein werden. Dazu müssen Sie vorhersehen, was sich ein typischer Kunde am meisten wünschen würde. Was fehlt im Starterpaket und wird im Zielpaket (Paket 1) mit angeboten? In diesem Beispiel sind die offensichtlichsten fehlenden Elemente die Länge des Shootings und die Anzahl der Fotos, die der Kunde erhält. Dies sind die beiden Punkte, die sich ein typischer Kunde am meisten wünschen würde, wenn er sich die höherwertigen Pakete nicht leisten könnte. Anstatt den Preis der anderen Pakete herunterzuhandeln, könnten Sie hier einfach einen Kompromiss schaffen.

Und so könnte es funktionieren. Wenn Sie erst einmal im Shooting sind, würde es Sie nicht viel kosten, ein bis zwei Stunden länger zu bleiben. Noch mal: Das funktioniert nur, weil Sie bereits im Shooting sind. Wenn Sie ein ganz neues Shooting von Grund auf vorbereiten müssten, würde das viel zu viel Aufwand bedeuten und wäre keine gute Verhandlungsoption. Wenn Sie nun also die Dauer des Shootings von 30 Minuten auf 1,5 Stunden verlängern würden, hätten Sie wahrscheinlich mehr tolle Fotos, die Sie dem Kunden geben könnten. Beim Starterpaket erhält der Kunde nur 3 bis 5 Fotos. Bieten Sie dem Kunden 10 großartige retuschierte Fotos an, um daraus eine gute verhandelbare Position zu machen. Fünf weitere Fotos zu retuschieren, wird Ihnen nicht den Tag vermiesen, aber es wird Ihre Kunden sehr glücklich machen. Am wichtigsten ist, dass diese das Gefühl haben, dass Sie Ihr Bestes tun, um mit ihnen zu arbeiten und sie glücklich zu machen. Das schafft Sympathie.

Es ist sehr wichtig, dass Sie diese verhandelbaren Positionen im Gedächtnis haben. Wenn Kunden beginnen, Ihre Paketpreise zu verhandeln, können Sie sofort die Kontrolle über die Situation übernehmen und ihnen im Gegenzug diese möglichen Verhandlungsgegenstände anbieten. Wenn Sie Ihre verhandelbaren Positionen klug auswählen, werden die meisten vernünftigen Kunden zufrieden sein und Sie buchen.

Personalisierung: Das Konzept der Personalisierung ist einfach. Sie machen Ihre Dienstleistung oder Ihr Produkt zu einem persönlichen Erlebnis für Ihre Kunden (siehe vorheriges Kapitel). In diesem Beispiel verkaufen wir eine Verlobungs-Fotosession. Um ein personalisiertes Erlebnis zu bieten, könnten Sie im Vorgespräch mit Ihren Kunden herausfinden, ob sie ein bestimmtes Konzept, ein Thema, einen Stil oder einen besonderen Ort im Sinn haben. Manche Paare möchten ihre Verlobungsfotos an dem Ort machen, an dem sie sich verlobt haben. Wenn das Paar eine emotionale Verbindung zu diesem Ort hat, wäre es sehr sinnvoll, die Fotos dort aufzunehmen. Das wäre ein Beispiel für die Personalisierung einer Dienstleistung, in diesem Fall also des Fotoshootings.

Produktseitig könnten Sie Ihren Kunden mitteilen, dass Sie bei Bestellung eines gerahmten Fotos des Verlobungsshootings den Stil und die Farbe des Rahmens nicht nur auf das Foto, sondern auch auf den Look des Raums, in dem das Foto hängen soll, abstimmen können. Für meine Kunden ist das immer sehr wichtig. Sie sind total begeistert davon! Ich bitte um ein Foto des Raums, in dem das Bild später hängen soll, und nutze dann ein Programm wie »Fundy«, um eine Vorstellung davon zu vermitteln, wie das gerahmte Foto in diesem Raum aussehen wird (Abbildungen 12.1–12.4).

Wenn Sie ein Produkt oder eine Dienstleistung an den Stil und die Bedürfnisse Ihrer Kunden anpassen, wird dies Ihre Umsätze steigern. Zum Beispiel bieten die Optionen »Starterpaket« und »Paket 1« Ihren Kunden nicht genug, um das individuell gerahmte Foto zu bestellen, sodass sie sich zwar vielleicht trotzdem für Paket 1 entscheiden, dazu aber auch noch à la carte ein gerahmtes Wandbild kaufen.

ABBILDUNG 12.1

ABBILDUNG 12.2

ABBILDUNG 12.3

ABBILDUNG 12.4

Produkte und Dienstleistungen à la carte

Ihr À-la-carte-Menü ist eine separate Auflistung von Produkten und Dienstleistungen, die Sie Ihren Kunden anbieten können. Diese Liste sollte alle Leistungen enthalten, die in Ihren Paketen enthalten sind, sowie auch alle zusätzlichen Optionen. Durch die Erwähnung von nicht in Ihren Paketpreisen enthaltenen Optionen können Sie Ihre angebotene Produktlinie erweitern, ohne Ihre Kunden zu überfordern. Gestalten Sie Ihre Pakete einfach, und auf Anfrage können Sie über das À-la-carte-Menü dann noch viel mehr anbieten.

Käufe aus dem À-la-carte-Menü sollten stets teurer sein, als wenn die Position in einem Paket enthalten wäre. Nehmen wir zum Beispiel an, eines Ihrer drei Pakete bestünde aus drei Elementen. Wenn ein Kunde jeden dieser Punkte separat aus der À-la-carte-Liste buchen würde, müsste er mehr bezahlen, als wenn er die gleichen Positionen zusammen als Teil eines Paketangebots kaufen würde. Der Sinn von Paketen besteht darin, dass die Kunden mehr Produkte kaufen, weil sie dann ein besseres Preis-Leistungs-Verhältnis erhalten, als wenn sie jeden Artikel einzeln über das À-la-carte-Menü kaufen.

Eine weitere strategische Funktion von À-la-carte-Angeboten ist die Möglichkeit, sie zur Anpassung eines Pakets zu nutzen oder Alternativen zu im Paket enthaltenen Produkten oder Dienstleistungen anzubieten, für die sich Ihre Kunden nicht interessieren. À-la-carte-Menüs ermöglichen Ihnen einen flexiblen Umgang mit Ihren Paketangeboten, um besser auf individuelle Kundenbedürfnisse einzugehen.

KAPITEL 13

VERKAUFSMETHODEN À LA CARTE

Viele Fotografen bevorzugen eine reine À-la-carte-Methode. Sie berechnen eine Gebühr für das Fotoshooting und danach wählt der Kunde alle gewünschten Produkte aus einer Preisliste aus. Natürlich können und sollten Sie Ihren Kunden eine bestimmte Produktauswahl oder bestimmte Zusatzdienstleistungen empfehlen. Kunden wissen eine gewisse Beratung zu schätzen, weil sie Ihnen und Ihrer Sachkenntnis in Bezug auf Ihre Angebote vertrauen.

À-la-carte-Strategien für die Shooting-Kosten

Die Strategie »geringer Einstiegspreis«

Eine Strategie mit niedrigem Einstiegspreis zielt darauf ab, für möglichst viele Shootings gebucht zu werden. Die meisten Kunden können sich Ihr Einstiegshonorar leisten und haben deshalb kein Problem damit, eine Fotosession bei Ihnen zu buchen. Bei der À-la-carte-Methode rate ich dringend davon ab, jemals einen Rabatt auf dieses Einstiegshonorar zu gewähren. Warum? Wenn der Kunde sich nicht einmal die Shooting-Kosten leisten kann, wird er höchstwahrscheinlich auch nach dem Shooting nicht viel kaufen. Fotografen, die nach der À-la-carte-Methode arbeiten, sind besonders stark auf gute Verkäufe nach dem Shooting angewiesen. Das Einstiegshonorar genügt nicht, um im Geschäft zu bleiben. Die Shooting-Kosten sorgen für die Vorauswahl der Kunden.

Die Strategie »exklusiver Einstiegspreis«

Obwohl Ihr Session-Honorar der Mindestbetrag ist, um mit Ihnen ins Geschäft zu kommen, können Sie dieses dennoch relativ hoch ansetzen. Vielleicht wollen Sie nur eine bestimmte Anzahl von Kunden pro Jahr annehmen. Ein solcher Mangel an freien Kapazitäten verleiht Ihrem Studio eine gewisse Exklusivität. Bei diesem Geschäftsmodell schätzen sich die Kunden stets glücklich, zu den wenigen Auserwählten zu gehören, die einen Termin bekommen haben, und sie werden den Preis für das Shooting klaglos bezahlen.

Preisstrategie für Mini-Sessions

Mini-Sessions sind sehr wichtig! Sie sind extrem beliebt, weil der zeitliche Aufwand für Sie und die Kunden minimal ist. Falls Sie nicht wissen, was Mini-Sessions sind – es handelt sich dabei in der Regel um 30-minütige Porträtsessions. Sie werden meist um religiöse und andere Feiertage herum angeboten. Ein bis zwei Monate vor einem wichtigen Feiertag wie etwa Weihnachten sollten Sie über Ihren E-Mail-Verteiler und all Ihre Social-Media-Kanäle bekannt geben, dass Sie an einem bestimmten Datum 30-minütige Mini-Sessions anbieten. Sie können Online-Buchungssysteme wie »Calendly« verwenden, um es den Interessenten besonders einfach zu machen, Sie ohne große Umstände für Mini-Sessions zu buchen.

Die Strategie hinter Mini-Sessions besteht darin, komplett ausgebucht zu sein. Die Menschen sollten eine gewisse Dringlichkeit empfinden, schnell zu buchen, weil die freien Plätze bald weg sein könnten. Dazu können Sie auf der Online-Buchungsplattform sogar fingierte Buchungen anlegen, damit es den Anschein hat, dass Sie stärker ausgelastet sind, als es tatsächlich der Fall ist. Ein Beispiel: Sie bieten für einen bevorstehenden Feiertag von Sonntag bis Donnerstag jeweils von 13:00 bis 18:00 Uhr Mini-Sessions an. Wenn Kunden ihre Sitzung online auf Calendly buchen wollen, werden sie sehen, dass der gesamte Montag und ein Teil des Mittwochs bereits ausgebucht

sind. Interessierte Kunden erkennen daher, dass sie die Chance verpassen könnten, wenn sie nicht schnell genug handeln und Sie für einen der noch freien Termine am Sonntag buchen. Die Strategie dahinter ist, dass die meisten Leute am Sonntag frei haben, am Montag hingegen nur wenige. Wenn ich also den Montag ausgebucht erscheinen lasse, erreiche ich mein Ziel, Dringlichkeit zu erzeugen. Ich verliere keine echten Buchungen, weil die meisten Leute montags sowieso keine Zeit haben. Sie könnten auch an anderen Tagen fingierte Buchungen in Ihrem Kalender verstreuen, um Ihr Schema realistischer wirken zu lassen. Erscheint die Verfügbarkeit zu hoch, entsteht kein Gefühl der Dringlichkeit.

Wenn Sie eine Mini-Session für einen bestimmten Zweck oder für einen Feiertag wie Ostern, Weihnachten oder Halloween anbieten, wäre es ein großer Verkaufsanreiz, ein oder zwei Sets rund um dieses Thema einzurichten. Dann haben die Leute das Gefühl, dass ihre Fotosession etwas mit dem Feiertagsthema zu tun hat. Für Familienporträt-Minisessions für Weihnachtskarten brauchen Sie nicht unbedingt ein Set. Die meisten dieser Fotos werden an einem schönen Ort im Freien aufgenommen, wenn Sie die Genehmigung erhalten, dort zu fotografieren. (Ohne Erlaubnis könnte es eine sehr peinliche Begegnung mit der Polizei oder dem Sicherheitsdienst geben, verbunden mit der Aufforderung, das Gelände zu verlassen, weil Sie unerlaubt fotografieren. Das passiert sehr oft! Ich habe es selbst schon erlebt. Dies wirkt auf Ihre Kunden sehr unprofessionell, also planen Sie voraus und besorgen Sie sich die erforderlichen Genehmigungen.)

Es gibt zwei tolle Möglichkeiten, Ihre Preisstrategie für Mini-Sessions umzusetzen und dabei das Beste aus Ihrer Zeit herauszuholen: ein reines Session-Honorar und ein Session-Honorar mit einem Druckguthaben.

Reiner Fotosession-Preis

Bei der ersten Methode bieten Sie einen reinen, vergleichsweise niedrigen Fotosession-Preis an. Dann erfolgen alle Verkäufe nach dem Shooting direkt aus dem À-la-carte-Menü. Erst nachdem die Kunden einen Abzug gekauft haben, stellen Sie ihnen auch eine digitale Datei in der vollen Auflösung des gekauften Fotos zur Verfügung. Unabhängig von der gewählten Größe erhalten die Kunden beim Kauf eines Abzugs das Foto auch in digitaler Form. Wenn sie zwei verschiedene Abzüge kaufen, erhalten sie zwei Dateien. Entscheidend ist hier, dass die Kunden tatsächlich einen Abzug kaufen müssen. Sie sind Fotograf, und so verdienen Sie Ihr Geld. Sie machen das nicht aus reiner Nächstenliebe. Sie versuchen, Ihren Lebensunterhalt zu verdienen. Ihre Kunden werden das verstehen. Wenn Sie die Bilder von Ihren Mini-Sessions in eine Online-Galerie stellen, sollten Sie sich darüber im Klaren sein, dass manche Leute einfach ein Bildschirmfoto machen und dieses dann als Digitalbild verwenden. Um dem abzuhelfen, müssen Sie ein großes Wasserzeichen über das gesamte Bild legen.

Auch wenn es sehr zeitaufwendig sein mag: Die beste Möglichkeit zur Maximierung Ihres Umsatzes ist es, sich mit jedem Kunden, der eine Mini-Session bei Ihnen gebucht hat, im Nachgang nochmals von Angesicht zu Angesicht zu treffen. Einige Porträtfotografen stellen ihre Kundenfotos aus diesem Grund niemals zur Ansicht in eine Online-Galerie. Das würde es zu einfach machen, Ihre Dateien abzugreifen, ohne dafür zu bezahlen.

Fotosession-Preis mit Druckguthaben

Die zweite Methode besteht darin, dass die Kunden bei der Buchung einen Fotosession-Preis entrichten, der zugleich ein bestimmtes Druckguthaben enthält. Die Kunden zahlen dann mehr für die Bilder – plus einen Rabatt ihrer Wahl auf beliebige À-la-carte-Artikel. Das bedeutet, dass Sie sie für die Zahlung eines höheren Preises belohnen, indem sie ihr Druckguthaben für vergünstigte À-la-carte-Artikel nutzen können. Ich denke, das ist ein verlockendes Angebot. Bei beiden Methoden müssen die Kunden Ihnen etwas abkaufen, um Fotos oder digitale Dateien zu erhalten. Also können sie Ihnen auch gleich ein höheres Honorar für die Session bezahlen und im Gegenzug einen Rabatt auf das À-la-carte-Menü erhalten.

Beratungs- bzw. Verkaufsgespräch für die À-la-carte-Verkaufsmethode

Etwa eine Woche nach dem Shooting ist es Zeit für das entscheidende Verkaufsgespräch. Ich nenne es »Beratungsgespräch«, aber eigentlich läuft es auf dasselbe hinaus. Für mich hört sich »Verkaufsgespräch« einfach so an, als würden die Kunden in einer druckvollen Atmosphäre zum Kauf von Produkten gezwungen. Ein Beratungsgespräch sollte dagegen sehr angenehm verlaufen.

Bei diesem Treffen sollten alle Entscheidungsträger anwesend sein, und es sollte nach Möglichkeit im Fotostudio stattfinden. Die Besprechung funktioniert am besten, wenn sie sehr persönlich abläuft. Sie sollte von Angesicht zu Angesicht stattfinden, bei Kaffee oder Tee auf einer Couch sitzend, plaudernd und die Fotos und die Präsentation genießend. Das Treffen sollte im Studio stattfinden, damit Sie kein Risiko eingehen und die Fotos nicht auf einem fremden Monitor oder Fernseher zeigen müssen, der die Bilder möglicherweise mit ungünstigen Farben, schlechtem Tonwertumfang und geringem Kontrast darstellen könnte. Das würde den ersten Eindruck der Kunden von Ihren Fotos im Handumdrehen ruinieren. Selbst wenn Sie den Kunden erklären, dass die Farben durch den Bildschirm seltsam aussehen, würde ihre anfängliche Begeisterung gleich verflogen sein. Der erste Anblick der Fotos muss ein tolles Erlebnis für die Kunden sein. Wenn Sie die Fotos digital präsentieren, muss dies unbedingt auf einem gut kalibrierten Monitor oder Fernseher erfolgen.

Als Porträtfotograf können Sie ein erfolgreiches Meeting damit beginnen, dass Sie einige Ihrer Lieblingsfotos vom Shooting gedruckt und mit vorgeschnittenen Passepartouts in einer Portfolio-Box mitbringen. Mit Fotodrucken umgehen Sie das Risiko falsch kalibrierter Bildschirme und ermöglichen den Kunden zudem eine haptische Erfahrung, wenn sie die Bilder das erste Mal erleben. Ich bringe immer eines der bei meinen Porträtkunden beliebtesten Produkte zum Beratungsgespräch mit, das ich bereits mit ihren eigenen Bildern befüllt habe. Sie können sich mit Ihrem Alben-/Produktanbieter in Verbindung setzen, um eine Möglichkeit zu finden, Kundenfotos mit dessen Produkten zu präsentieren. Die meisten Anbieter bieten Portfolio-Boxen mit schönen und vor allem auch wiederverwendbaren vorgeschnittenen Passepartouts an. Nach dem Treffen können Sie die Fotos wieder aus den Passepartouts herausnehmen und diese für die nächste Präsentation wiederverwenden.

Halten Sie einen Vergleichswert bereit

Wenn Sie ausschließlich à la carte verkaufen, fehlt den Kunden der Bezugspunkt für die Entscheidung, was oder wie viel sie kaufen sollen. Deshalb müssen Sie einen Vergleichswert anbieten. Ich fotografiere zum Beispiel häufiger Boudoir-Sessions für meine Kunden. Während meiner Beratungsgespräche informiere ich sie darüber, was der durchschnittliche Kunde ausgibt und was er normalerweise kauft. Ein Boudoir-Fotoshooting ist stark eigenmotiviert, und ich weiß, dass die Kunden bereit sind, ziemlich viel Geld auszugeben. Deshalb zeige ich den Kunden ein Paket, das in der Regel ein großes Wandbild, ein zehnseitiges Album mit 10–20 Fotos und eine Portfoliobox mit 12 Fotos in Passepartouts enthält.

Ich schlage vor, dass Sie Fotos bereithalten, um zu demonstrieren, wie dieses Wandbild im Haus Ihrer Kunden aussehen würde (natürlich mit Erlaubnis der fotografierten Personen). Sobald Ihre Kunden das gesehen haben, werden sie es haben wollen.

Eine solche Bezugsgröße kann für Ihre Kunden sehr hilfreich sein, um zu erkennen, wo sie im Vergleich zu anderen Kunden stehen. Sie rückt alles ins richtige Verhältnis.

Meine À-la-carte-Preismethode für Wandbilder und aufgezogene Fotografien

Ich habe gerade erwähnt, wie hilfreich es ist, eine Bezugsgröße für die Preisgestaltung zu haben. Solche Vergleichswerte helfen auch bei Fotos. Wir möchten gerne wissen, was andere für ähnliche Produkte und Dienstleistungen verlangen. Diese Informationen können sehr nützlich sein, um festzustellen, ob wir unsere Preise zu hoch oder zu niedrig ansetzen. Als Hilfestellung finden Sie hier meine aktuelle Preisstruktur für alle Wandbilder und aufgezogenen Fotos, die ich an meine Kunden verkaufe (ohne die Alben). Diese Preise sind für alle meine Porträtaufnahmen, einschließlich Hochzeitsfotos, gleich. Um die Sache so einfach wie möglich zu halten, habe ich alle meine Angebote (außer den Alben) in zwei Kategorien unterteilt:

- traditionell gerahmte Wandbilder mit Passepartout
- professionell aufgezogene oder im Passepartout eingefasste Fotografien, einschließlich im Passepartout eingefasster Drucke in Portfolio-Boxen, Acryl-, Leinwand- und Alu-Dibond-Drucke usw. und im Prinzip alle anderen professionell präsentierten Fotografien, die nicht traditionell gerahmt sind

PREISE FÜR TRADITIONELL GERAHMTE WANDBILDER MIT PASSEPARTOUT

Fotogröße	Preis pro Quadratzentimeter	Endpreis
30×20 = 600 Quadratzentimeter	0,50 € pro Quadratzentimeter	300 €
45×30 = 1.350 Quadratzentimeter	0,32 € pro Quadratzentimeter	440 €
60×40 = 2.400 Quadratzentimeter	0,32 € pro Quadratzentimeter	768 €
90×60 = 5.400 Quadratzentimeter	0,32 € pro Quadratzentimeter	1.728 €
120×80 = 9.600 Quadratzentimeter	0,32 € pro Quadratzentimeter	3.072 €

PREISE FÜR PROFESSIONELL AUFGEZOGENE FOTOGRAFIEN

Fotogröße	Preis pro Quadratzentimeter	Endpreis
30×20 = 600 Quadratzentimeter	0,32 € pro Quadratzentimeter	192 €
45×30 = 1.350 Quadratzentimeter	0,19 € pro Quadratzentimeter	264 €
60×40 = 2.400 Quadratzentimeter	0,16 € pro Quadratzentimeter	384 €
90×60 = 5.400 Quadratzentimeter	0,16 € pro Quadratzentimeter	864 €
120×80 = 9.600 Quadratzentimeter	0,14 € pro Quadratzentimeter	1.350 €

Wie wir im vorherigen Kapitel besprochen haben, lassen sich diese Druckgrößen skalieren, und ich belohne meine Kunden daher auch mit skalierbaren Anreizen. Je größer das Foto ist, desto günstiger wird es – bis sich beim Format 60 × 40 ein Plateau einstellt. Der Grund dafür ist, dass die Rahmen mit steigender Größe nicht billiger werden. Sie werden dann sogar teurer. Um meine Gewinnspanne zu sichern, kann ich also ab einer bestimmten Größe keine Rabatte mehr pro Quadratzoll anbieten. Der gleiche Ansatz gilt für nicht gerahmte Arbeiten.

Falls Ihnen diese Preise hoch erscheinen, sollten Sie wissen, dass sie eigentlich sogar recht fair sind. Die von mir angebotenen Rahmen sind von höchster handwerklicher Qualität, und dazu gehört auch, wie die Fotos aufgezogen werden. Um meine Marke zu schützen, biete ich keine Rahmen aus billigen Materialien an. Meine Rahmen sehen teuer aus, weil sie teuer sind. Diese Preise beinhalten auch jede vom Kunden gewünschte Passepartout-Größe aus Museumskarton in Archivqualität. Und schließlich resultiert der hohe Wert aus der Tatsache, dass diese Preise die höchste Stufe an Retusche beinhalten, die ich anbiete.

All das zusammen bedeutet meinen Kunden sehr viel. Wenn sie in ein Wandbild investieren, können sie sicher sein, dass ich dafür sorge, dass ihre Fotos mit höchster Sorgfalt behandelt, auf bestem Fotopapier in Archivqualität gedruckt und bis zur Perfektion nachbearbeitet werden. Das ist ein toller Gegenwert für diesen Preis.

Bitte beachten Sie, dass ich gerahmte Fotos in so großen Formaten und dieser hohen Qualität nur mithilfe eines entsprechenden Dienstleisters anbieten kann. Ich arbeitete hier mit »The Levin Company« (*www.levinpictureframes.com*) in Südkalifornien zusammen. Im deutschsprachigen Raum empfehle ich Ihnen, sich bei »White Wall« (*www.whitewall.com/de*) umzusehen, die vom Ausdruck bis zur Rahmung einen Komplettservice nach Museumsstandards anbieten. Individuellere Rahmen finden Sie zum Beispiel bei *verno.com*, die auch die Einrahmung übernehmen.

ABBILDUNG 13.1 Beispiel für ein gerahmtes 120 × 80-cm-Foto in meinem Studio. Wenn ich diese Größe zeige, wird der Kunde höchstwahrscheinlich ein Wandporträt in derselben Größe kaufen wollen. Es hilft dem Kunden auch, dieses Format in Relation zu einer Couch zu setzen.

ABBILDUNG 13.2 Dieses Porträt hängt an der Wand, um meinen Kunden die Wirkung eines wirklich gut gerahmten kleineren Fotos zu zeigen. Das Format dieses Porträts beträgt 25×30 cm. Viele Kunden kaufen mehrere kleinere gerahmte Fotos für sich selbst und als Geschenke für ihre Eltern, sobald sie sehen, wie gut selbst ein kleineres Foto in einem schönen Rahmen aussieht.

ABBILDUNG 13.3 Wenn es um Einrahmung geht, ist weniger Auswahl mehr. Um die Rahmenauswahl überschaubarer zu halten, zeige ich maximal 15 Rahmen, die ich sorgfältig ausgewählt habe und die am besten zu meinem fotografischen Stil passen. Auf diesem Foto sind es nur sieben Rahmen, aber normalerweise zeige ich fünfzehn. Viele der hier nicht gezeigten sind klassische tiefschwarze Rahmen, die äußerst beliebt sind.

KAPITEL 14

GESTALTUNG UND PRÄSENTATION DER PREISLISTE

Schließlich kommt es auch darauf an, dass Sie den Kunden Ihre Preisgestaltung auf kreative Weise präsentieren. Sie haben viel Mühe investiert, um die perfekte Preisliste zu erarbeiten. Nun müssen Sie diese in einem professionellen und eleganten Format präsentieren – und auf keinen Fall auf einem dünnen Blatt Kopierpapier aus Ihrem Desktopdrucker. Das würde nicht gut aussehen. Ich lasse meine Preislisten von einem Grafikdesigner gestalten und lege es Ihnen dringend ans Herz, das ebenso zu tun. Wenn Sie keine Erfahrung mit Layoutprogrammen wie Adobe InDesign haben, lohnt es sich nicht, diese Arbeit selbst zu übernehmen.

Die Präsentation Ihrer Preise spiegelt unmittelbar Ihr Unternehmen wider, also achten Sie darauf, dass Sie hier einen guten Eindruck beim Kunden hinterlassen. Ich ändere die Präsentationsweise für meine Preise von Zeit zu Zeit. Aber meine aktuellen Preislisten sind auf extradickem, fein texturiertem Halbkarton gedruckt und die Seiten sind von Hand mit Lederband geheftet. Sie könnten in Adobe InDesign auch ein schönes Layout im Magazinstil gestalten, um Ihre Preisinformationen sauber und elegant darzubieten. Viele Albumfirmen können ein ansprechendes Magazin für Sie drucken. Rufen Sie Ihren bevorzugten Anbieter an und fragen Sie nach, ob er ein solches Produkt im Sortiment hat.

Ausgesprochen gut kann es auch funktionieren, Ihre Preise online bereitzustellen. Wenn Sie keine gedruckten Preislisten haben, sparen Sie Geld. Wenn Sie Ihre Preise online bereitstellen, können Sie Änderungen vornehmen, ohne alles neu drucken zu müssen. Sind die Preislisten hingegen erst einmal gedruckt, sind Sie an diese Preise und Produkte gebunden. Es gibt von Adobe ein Programm namens »Spark Page« (*spark.adobe.com*), mit dem Sie Ihre Preise auf einer schönen, professionellen Website präsentieren können. Die Handhabung dieser Software ist so einfach, dass Sie ohne Vorkenntnisse eine sehr ansprechende Website mit Preisangaben erstellen können. Anschließend senden Sie Ihren Kunden einen Link, den diese auf einem Laptop oder auch auf ihren mobilen Geräten aufrufen können. Spark Page passt die Seitengröße perfekt an jeden Bildschirm an.

Ganz gleich, ob Sie sich für ein Druckerzeugnis oder die Online-Variante entscheiden: Achten Sie stets auf eine möglichst elegante und professionelle Präsentation Ihrer Preisliste. Das macht einen bedeutenden Unterschied in der Wahrnehmung Ihrer Kunden.

Derzeit mache ich beides. Ich habe eine gedruckte Preisliste und eine entsprechende Online-Preisliste, die mit Adobe Spark Page erstellt wurde.

Wenn ich mich aus irgendeinem Grund nicht persönlich mit meinen potenziellen Kunden treffen kann, schicke ich ihnen einfach einen Link auf ihr Handy oder per E-Mail, damit sie die Website mit meinen Preisangaben öffnen können.

Gestaltungs- und Präsentationsmethoden und Beispiele für Preislisten

Gestaltung für Hochzeitsfotografie

Die von mir angebotenen Leistungspakete sind lebendig in dem Sinne, dass sie sich ständig verändern können. Wenn sich bestimmte Produkte nicht so gut wie erwartet verkaufen, ersetze ich sie. Wenn sich ein Produkt überraschend gut verkauft, rückt es auf meiner Liste weiter nach oben. Ich überprüfe das Gesamtdesign und die Produktpalette einmal im Jahr. Die folgenden Abbildungen zeigen ein paar Beispiele aus meinem aktuellen Angebot.

Abbildungen 14.1 und 14.2: Das sind meine gedruckten Preislisten. Die Strategie ist, den Kunden etwas zu präsentieren, das sich in ihren Händen großartig anfühlt. Die Präsentation soll ein handgearbeitetes Element enthalten, das die Sorgfalt und Handwerkskunst widerspiegelt, die ich in all meine Produkte stecke. Wenn die Kunden meine Preisliste in den Händen halten, sind sie jedes Mal beeindruckt, wie schön sie ist. Diese Reaktion sollten auch Sie anstreben. Der nachstehende Kasten zeigt die Reihenfolge, in der ich die Inhalte der Preislisten präsentiere. Denken Sie daran, dass der Paketpreis erst dann aufgerufen wird, wenn die Kunden bereits von der Vielfalt Ihrer schönsten Fotos begeistert sind, die in der Abfolge der Präsentation fast ganz oben stehen.

Empfohlene Präsentations-reihenfolge

- Einband
- Mein Foto mit Begleittext, der meinen Ansatz und meine Vision für die Hochzeitsfotografie beschreibt. Dieser Abschnitt konzentriert sich darauf, was ich für meine Kunden tun kann.
- Einige Seiten mit meinen schönsten Hochzeitsfotos
- Einige Seiten mit Fotos, die verschiedene Gefühle auslösen, sich dabei aber auf freudige, emotionale Momente konzentrieren
- Vorstellung der Leistungspakete und Preise
- Fotos der beliebtesten Produkte aus meinen Paketen mit entsprechenden Beschreibungen. Dazu gehören Nahaufnahmen von Albumdeckeln und Wandbildern.
- À-la-carte-Menü
- Fotos aller À-la-carte-Produkte und -Dienstleistungen mit Beschreibungen
- Ein weiteres Foto, das mich zeigt, mit kurzer Biografie und Auszeichnungen
- Rückeinband

ABBILDUNG 14.1

ABBILDUNG 14.2

Webdesign

Abbildung 14.3: Dies ist die Titelseite meiner mit Adobe Spark Page erstellten Online-Preisliste. Sie verhält sich wie eine Website, die leicht per Textnachricht zur Anzeige auf einem Mobiltelefon oder per E-Mail zur Anzeige auf einem Computer versendet werden kann. Das Tolle an Online-Preislisten ist, dass Sie Hyperlinks zu weiteren Informationen oder Beispielen einfügen können, auf die der Betrachter Zugriff haben soll.

Abbildung 14.4: Ein weiteres tolles Element, das Sie in eine Online-Präsentation einbauen können, ist ein Video, das Sie in Aktion zeigt. Dadurch erhalten die Kunden einen großartigen Einblick, wer Sie sind und wie Sie arbeiten. In diesem Beispiel sehen Sie den kurzen Dokumentarfilm über mich, den Canon USA im Rahmen seines »Canon Explorers of Light«-Programms gedreht hat. In der kurzen Dokumentation spreche ich über meine Herangehensweise bei Hochzeiten und erkläre, warum ich diese so gerne fotografiere.

Abbildung 14.5: Dieses Bildschirmfoto zeigt, wie elegant meine Leistungspakete gestaltet sind. Sie sind sehr einfach zu lesen und nachzuvollziehen. Die Pakete sind mit einem schönen Foto hinterlegt und in sich sehr sauber gestaltet. Und ich kann jederzeit etwas ersetzen, ändern oder weitere Positionen aus dem À-la-carte-Menü hinzufügen.

Abbildung 14.6: Gegen Ende der Online-Präsentation gibt es auf der linken Seite ein ansprechendes Foto meiner Familie und auf der rechten Seite eine kurze Biografie mit der Erwähnung einiger Auszeichnungen.

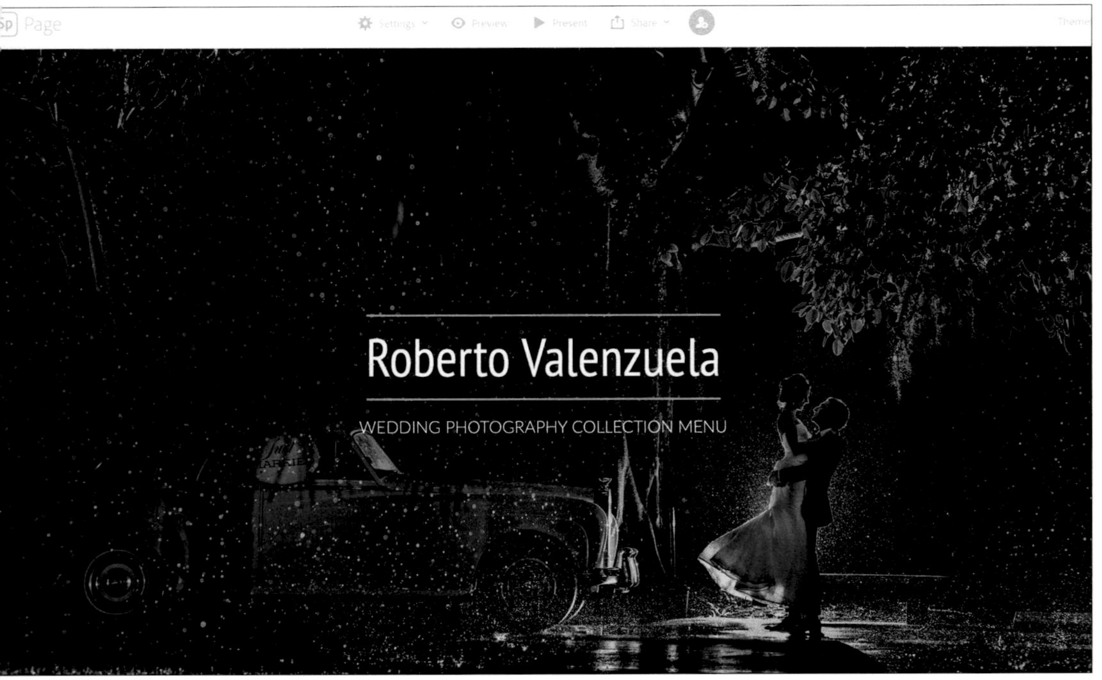

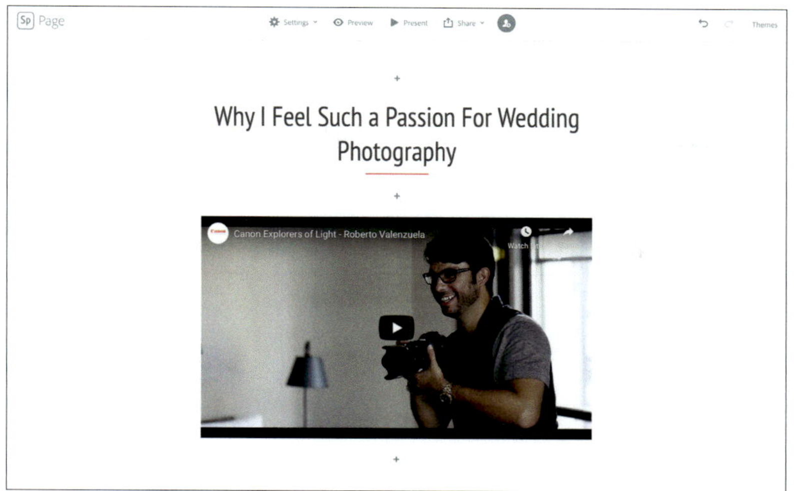

ABBILDUNG 14.4

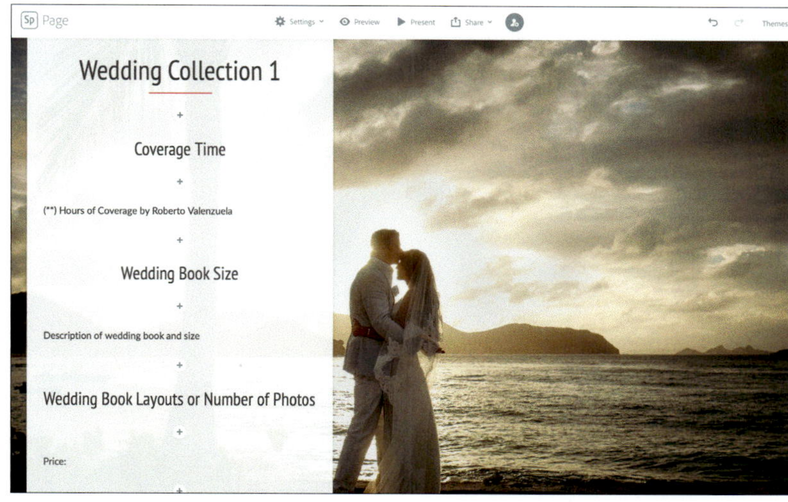

ABBILDUNG 14.5

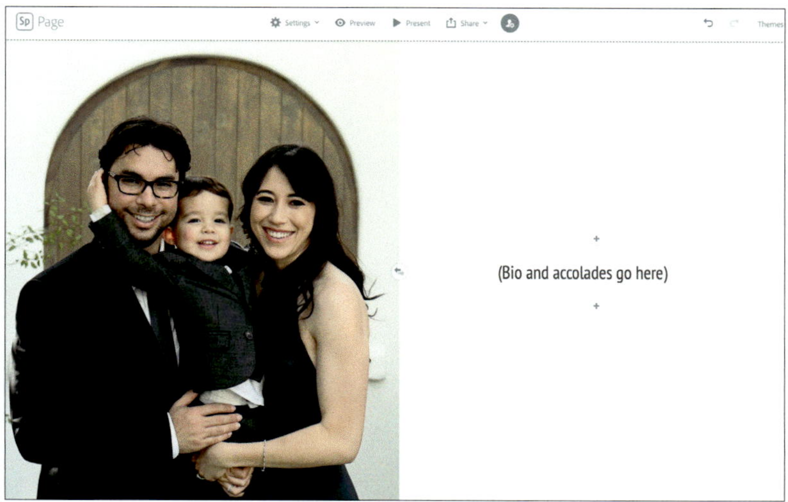

ABBILDUNG 14.6

寶 珍
RESTAURANT

Reihenfolge und Konsistenz der in den Preispaketen aufgeführten Elemente

Ein wesentlicher, aber oft vernachlässigter Aspekt bei der Präsentation von Leistungspaketen ist die Auflistung der einzelnen darin enthaltenen Positionen. Das wichtigste Element sollte jeweils ganz oben stehen, das zweitwichtigste an zweiter Stelle und so weiter. Um alles möglichst einfach und übersichtlich zu halten, sollten sich wiederholende oder ähnliche Elemente in den einzelnen Paketen jeweils in der gleichen Reihenfolge präsentiert werden. Alle neuen Angebote, die nicht Bestandteil des vorhergehenden Pakets waren, sollten am Ende der Liste stehen.

Wenn Sie Ihre Angebotspakete auf diese Weise präsentieren, kann Ihr Kunde die Preisliste durchblättern und genau sehen, was die einzelnen Pakete voneinander unterscheidet.

Der Paketpreis sollte ganz unten stehen

Der Preis eines Angebotspakets sollte vom Kunden erst dann wahrgenommen werden, wenn er gelesen hat, was alles darin enthalten ist. Wenn Sie ein Bekleidungsgeschäft betreten, fällt Ihnen ja auch als Erstes die präsentierte Kleidung ins Auge. Erst nachdem ein Kleidungsstück Ihre Aufmerksamkeit erregt hat, suchen Sie nach dem Preisschild, das irgendwo im Inneren versteckt ist. Zuerst soll es Ihnen gefallen, und dann erst sollen Sie den Preis sehen – niemals andersherum. Sie sollten den Preis daher nicht am Anfang eines Pakets zeigen und Ihren Kunden dadurch einen Schock verpassen. Wie Sie an meinem obigen Beispiel eines Hochzeits-Bundles (Abbildung 14.5) gesehen haben, ist der Preis nicht nur am Ende abgedruckt, sondern auch in einer kleineren Schriftgröße. Die kleinere Schrift minimiert die möglichen negativen Effekte des Preises auf die Psyche Ihrer Kunden.

Gestaltung für Porträtfotografie

Für Porträtarbeiten biete ich meinen Kunden inzwischen keine gedruckten Preislisten mehr an. Der Grund dafür ist, dass ich viel zu oft kleine Änderungen daran vorgenommen habe, sodass ich jedes Mal alles neu drucken lassen musste. Deshalb erstelle ich nur noch Online-Porträtpreislisten mit Adobe Spark Page. Da ich in unterschiedlichen Porträt-Genres arbeite, gibt es auch für jedes Genre eine eigene Online-Preisliste. Ich habe Preislisten für Porträts, Schwangerschaftsfotos, Bewerbungsfotos sowie Boudoir- und Familienfotos.

Webdesign

Abbildung 14.7: Das Grunddesign ist für alle meine Preislisten gleich. Es ist wichtig, das Branding für alle Materialien einheitlich zu halten. In diesem Beispiel ziert ein querformatiges Porträt meiner wunderschönen Ehefrau Kim das Cover meiner Preisliste. Allerdings wechsle ich das Titelfoto häufig aus. Ebenso verfahre ich mit den anderen Online-Preislisten.

Die Präsentationsreihenfolge für die Porträtpreislisten im Web folgt demselben Muster, das ich bereits weiter oben beschrieben habe. Der Hauptunterschied ist, dass ich für mein Porträtgeschäft auf das À-la-carte-Verfahren setze. Deshalb gibt es keine Paketpreise zu zeigen. Von den zehn Elementen, die ich oben aufgelistet habe, entferne ich einfach die beiden Aufzählungspunkte, die sich auf Paketangebote beziehen. Wenn Sie einmal eine Vorlage erstellt haben, können Sie die Struktur beibehalten und kleinere Änderungen vornehmen, um die Preisliste an neue Produkte oder einen Strategiewechsel anzupassen.

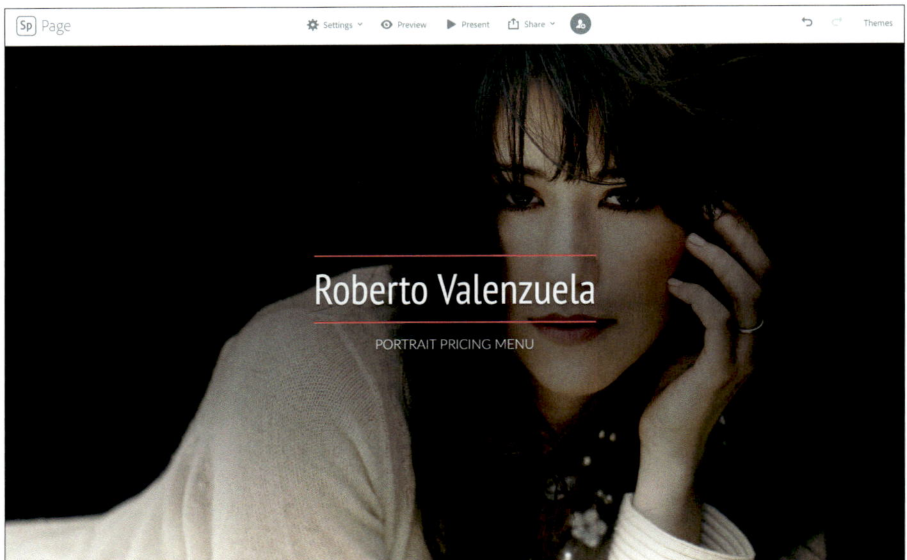

ABBILDUNG 14.7

Nehmen Sie sich Zeit für die Gestaltung Ihrer Preislisten

Der Entwurf Ihrer gedruckten und im Web veröffentlichten Preislisten erfordert Zeit und Geduld. Ich empfehle Ihnen, sich über einige Tage hinweg jeden Tag etwas Zeit dafür zu nehmen und sie nach und nach zusammenzustellen. Wenn Sie versuchen, eine ganze Preisliste in einem Rutsch zu gestalten, wirkt das Ergebnis nachher gehetzt, und es macht auch keinen Spaß. Genießen Sie den Entstehungsprozess und seien Sie stolz auf Ihr Design.

Denken Sie daran, Ihre Angebotspakete zu vereinfachen. Sie können Ihre Produktpalette jederzeit über das À-la-carte-Menü erweitern. Machen Sie sich klar, warum Sie die Produkte und Dienstleistungen in Ihrem Sortiment anbieten und wie Sie sie verkaufen können. Seien Sie auf die am häufigsten angefragten Änderungswünsche oder Abwandlungen vorbereitet. Wenn Sie Ihre verhandelbaren Punkte auswendig kennen, hilft Ihnen das beim Auftragsabschluss. Wenn Sie die Inhalte der Kapitel 10 bis 14 ernst nehmen und sie auf Ihre Preisstrategie anwenden, werden Sie rentabel arbeiten. Nicht jeder Künstler muss am Hungertuch nagen. Wir können als Berufsfotografen sehr erfolgreich sein!

NEW PROJECT
LIMITED COMPAN
JOB & WORK
PART TIME : 13,000/-
FULL TIME : 31,000/-
8286359280
बिना
+100%
बवासीर
भगंदर
सुमन क्लिनिक
9699102990

FAZIT

Herzlichen Glückwunsch zur vollständigen Lektüre dieses Buchs! Von allen meinen Büchern, mit denen ich Fotografen helfen möchte, die Kunst und Technik der Fotografie zu meistern, halte ich dieses für das wichtigste.

Wir alle lieben die Fotografie. Sie ist eine Kunstform, die süchtig macht, weil sie so leicht zugänglich ist. Für diejenigen unter uns, die ihren Lebensunterhalt damit verdienen wollen, sind die Anforderungen höher als je zuvor. Wir konkurrieren nicht nur mit anderen Berufsfotografen um Aufträge, sondern auch mit allen Besitzern eines handlichen Smartphones. Tatsächlich sind viele Menschen mit den Bildern einer Smartphone-Kamera bereits vollauf zufrieden. Aber Fotografie ist so viel mehr. Die winzigen Displays sind nicht das richtige Medium, um all das zu genießen, was sie zu bieten hat. Wenn Sie als Berufsfotograf erfolgreich sind, klären Sie potenzielle Kunden automatisch darüber auf, was Fotografie wirklich ist und wie viel mehr Freude ihnen Ihre Fotos bereiten können. Die Kunden wissen es nur noch nicht. Aber da können Sie ihnen weiterhelfen.

Die gute Nachricht ist, dass die Nachfrage nach Fotografien niemals versiegen wird. Sie ist ein Grundbedürfnis, das keine Grenzen kennt. Menschen aus allen Bevölkerungsschichten und jeder Ecke der Welt brauchen unsere Dienstleistungen. Sich an besondere Momente zu erinnern und die Erinnerungen an unsere Lieben dauerhaft festzuhalten, ist ein unbezahlbares Geschenk! Nachdem wir nun festgestellt haben, dass es einen Bedarf an Fotografie gibt, müssen wir lernen, den wirtschaftlichen Aspekt dieser Kunstform ebenso sehr zu schätzen wie die Kunst selbst.

Man sagt: »Es braucht 80 % der Zeit, um das Fotografiegeschäft zu verstehen und zu betreiben, damit man die übrigen 20 % der Zeit auch wirklich mit Fotografieren verbringen kann.«

Es ist letztlich egal, wie viel Konkurrenz Sie haben, denn die meisten Fotografen hassen die Auseinandersetzung mit den geschäftlichen Aspekten der Fotografie wie die Pest. Wer die Lektionen in diesem Buch ernst nimmt und anwendet, wird erfolgreich sein – die anderen werden bald auf der Strecke bleiben. Das Foto-Business kann teuer und kräftezehrend sein. Wenn Sie nicht einen erheblichen Teil Ihrer Zeit der unternehmerischen Seite dieses wundervollen Handwerks widmen, werden Sie wahrscheinlich nicht lange überleben. Ich weiß, das klingt hart, aber genau so muss ich es ausdrücken.

Ich finde, dass die geschäftliche Komponente der Fotografie unheimlich viel Spaß machen kann! Die Geschäftsstrategie ist eine Kunstform für sich, genau wie die Fotografie selbst. Es macht Spaß und lohnt sich, Präsenz in den sozialen Medien zu zeigen und Partnerschaften mit wichtigen Akteuren aufzubauen, um ein loyales Netzwerk zu knüpfen. Wenn Sie die Fotografie lieben und Fotograf bleiben wollen, legen Sie den mentalen Schalter um und entschließen Sie sich, mehr über erfolgreiche Geschäftsführung zu lernen und diese auch umzusetzen! Betreiben Sie eine intelligente, gut geölte Business-Maschine mit einer starken Marke. Als Belohnung winkt ein höchst erfolgreiches und profitables Unternehmen, in dem Sie das tun, was Sie am meisten lieben! Das Geld für unsere Arbeit wartet da draußen auf uns, und zwar eine ganze Menge – also vertrauen Sie auf sich selbst und holen Sie es sich!

— Roberto Valenzuela, Canon Explorer of Light

INDEX

K

L

M

N

T

U

V